环 境 类 系 列 教 材

Experiments in Solid Waste
Treatment and Valorization

固体废物处理与资源化技术实验

● 章骅　何品晶　主编

中国教育出版传媒集团

高等教育出版社·北京

内容提要

本书是与普通高等教育"十一五"国家级规划教材《固体废物处理与资源化技术》（高等教育出版社）配套的课程实验教材，共 29 个实验，包括性质分析、预处理、生物处理、热化学处理、固化与稳定化、土地处理与处置等通用技术，以及危险废物、电子废物、工业固体废物、农业废物等分类利用技术实验，并介绍了固体废物实验特征性的采样、制样规范、质量控制、数据处理和实验室安全管理方法。

本书可作为高等学校环境工程、环境科学、市政工程及相关专业本科生的实验教材，也可供相关专业的研究生及从事固体废物处理与资源化技术的科研和工程技术人员学习参考。

图书在版编目（CIP）数据

固体废物处理与资源化技术实验／章骅，何品晶主编. -- 北京：高等教育出版社，2022.6
ISBN 978-7-04-058320-5

Ⅰ．①固… Ⅱ．①章… ②何… Ⅲ．①固体废物处理-实验-高等学校-教材②固体废物利用-实验-高等学校-教材 Ⅳ．①X705-33

中国版本图书馆 CIP 数据核字（2022）第 035418 号

Guti Feiwu Chuli yu Ziyuanhua Jishu Shiyan

| 策划编辑 | 陈正雄 | 责任编辑 | 宋明玥 | 陈正雄 | 封面设计 | 赵　阳 | 版式设计 | 王艳红 |
| 责任绘图 | 黄云燕 | 责任校对 | 高　歌 | | 责任印制 | 存　怡 | | |

出版发行	高等教育出版社	网　　址	http://www.hep.edu.cn
社　　址	北京市西城区德外大街 4 号		http://www.hep.com.cn
邮政编码	100120	网上订购	http://www.hepmall.com.cn
印　　刷	三河市潮河印业有限公司		http://www.hepmall.com
开　　本	787mm × 960mm　1/16		http://www.hepmall.cn
印　　张	15.75		
字　　数	280 千字	版　　次	2022 年 6 月第 1 版
购书热线	010-58581118	印　　次	2022 年 6 月第 1 次印刷
咨询电话	400-810-0598	定　　价	31.50 元

固体废物处理与资源化技术实验

章骅 何品晶 主编

1 计算机访问http://abook.hep.com.cn/1231074，或手机扫描二维码、下载并安装Abook应用。

2 注册并登录，进入"我的课程"。

3 输入封底数字课程账号（20位密码，刮开涂层可见），或通过Abook应用扫描封底数字课程账号二维码，完成课程绑定。

4 单击"进入课程"按钮，开始本数字课程的学习。

课程绑定后一年为数字课程使用有效期。受硬件限制，部分内容无法在手机端显示，请按提示通过计算机访问学习。

如有使用问题，请发邮件至abook@hep.com.cn。

扫描二维码
下载Abook应用

http://abook.hep.com.cn/1231074

前　言

固体废物处理与资源化技术是我国建设生态文明社会、实现"碳达峰"和"碳中和"目标的重要支撑条件。为适应固体废物领域日益增长的人才需求、不断提高的学科建设要求、完善专业教学体系，亟须规范开展面向新工程（科）教育的固体废物处理与资源化技术实践教学。而当前尚缺乏与固体废物处理与资源化技术专业课知识体系衔接、符合本科生教学要求的课程实验教材。为此，在教育部高等学校环境科学与工程类专业教学指导委员会和高等教育出版社指导下，编写本教材，以服务于本科生固体废物处理与资源化技术课程实验教学，使学生立体化地理解课程知识，能够基于专业理论、采用实验方法剖析固体废物处理与资源化工程问题，掌握基本的实验技能和主要工艺指标的测试方法，学会通过实验途径获取科学数据，并采用规范的方法处理、分析和解释数据，从而得出可信的结论。

本书是与高等教育出版社出版的普通高等教育"十一五"国家级规划教材《固体废物处理与资源化技术》配套的课程实验教材，包含固体废物处理与资源化技术概论，通用技术，分类利用技术等各部分的实验，并在附录介绍了固体废物实验特征性的采样与制样规范、质量控制、数据处理和实验室安全管理方法，供教学参考。各校可依据自身固体废物处理与资源化教学的特点和重点，选择相关实验开展教学。

本书由同济大学组织上海交通大学、华中科技大学、天津大学、中国海洋大学、华东理工大学、西安建筑科技大学、成都理工大学等多年从事固体废物处理与资源化技术课程实验教学的教师共同编写，全书由章骅、何品晶负责确定内容框架并进行统稿。本书强调可操作性、规范性、指导性和实用性，每个实验内容不仅有实验目的、实验原理、实验方法，更有教学方法、详尽的实验操作步骤，以及实验结果与数据处理方法，便于学生在有限课时内开展和完成固体废物处理与资源化技术课程实验。

本书由廖利主审。高等教育出版社的陈文、陈正雄同志对大纲及书稿进行了审核，并做了大量协调工作。教材出版得到高等教育出版社的大力支持。各位编者对他们认真细致的工作和提出的宝贵意见表示感谢。

限于编者水平，书中难免存在不当之处，恳请读者批评指正。

编　者
2021 年 6 月

目 录

实验一 家庭/宿舍生活垃圾产率和组成、容重分析

（实验学时：6 学时；编写人：章骅、何品晶；
编写单位：同济大学）

一、实验目的

针对传染病疫情期间人员不能聚集，或实验场地使用不便等问题，本实验可通过线上指导学生在家庭/宿舍中开展生活垃圾产率和组成、容重分析的分布式线下实验，使学生：

（1）熟悉生活垃圾物理组成分类；

（2）掌握家庭/宿舍生活垃圾产率、物理组成分析方法；

（3）掌握家庭/宿舍生活垃圾容重简易分析方法。

二、实验基本要求

（1）预习《固体废物处理与资源化技术》第一、二章有关内容，了解生活垃圾产率、物理组成、容重概念；

（2）通过文献调研，了解我国部分城市的生活垃圾人均每日产率情况。

三、实验原理

生活垃圾产率和性质是生活垃圾处理与资源化技术的重要基础。通过称量家庭/宿舍一段时间内产生的生活垃圾质量，依据人数和天数，计算家庭/宿舍生活垃圾人均每日产率；通过称量固定体积容器内生活垃圾质量，计算生活垃圾容重。《生活垃圾采样和分析方法》（CJ/T 313—2009）将生活垃圾的物理组成分为厨余类、纸类、橡塑类、纺织类、木竹类、灰土类、砖瓦陶瓷类、玻璃类、金属类、其他和混合类 11 类（见表 1-1）。将家庭/宿舍产生的生活垃圾按此分类，通过称量不同物理组分的质量，获得垃圾物理组成。

表 1-1　生活垃圾物理组成分类一览表

序号	类别	说明
1	厨余类	各种动、植物类食品（包括各种水果）的残余物
2	纸类	各种废弃的纸张及纸制品
3	橡塑类	各种废弃的塑料、橡胶、皮革制品
4	纺织类	各种废弃的布类（包括化纤布）、棉花等纺织品
5	木竹类	各种废弃的木竹制品及花木
6	灰土类	炉灰、灰砂、尘土等
7	砖瓦陶瓷类	各种废弃的砖、瓦、瓷、石块、水泥块等块状制品
8	玻璃类	各种废弃的玻璃、玻璃制品
9	金属类	各种废弃的金属、金属制品（不包括各种纽扣电池）
10	其他	各种废弃的电池、油漆、杀虫剂等
11	混合类	粒径小于 10 mm 的、按上述分类比较困难的混合物

资料来源：行业标准《生活垃圾采样和分析方法》（CJ/T 313—2009）。

四、课时安排

（1）线上课时安排：实验前安排 0.3~0.5 学时的线上课时，介绍在家庭/宿舍中开展生活垃圾产率和组成、容重分析的实验内容和方法，需要准备的材料、数据处理要求、实验报告要求、注意事项；实验一周后安排 0.5~0.7 学时的线上课时，集中讨论实验过程的操作、数据记录等方面的问题，答疑解惑。实验过程中通过微信、QQ、email 等方式获取学生的实验材料和实验过程照片、视频，以及记录数据，实时答复学生遇到的问题。

（2）线下课时安排：5 学时。学生在家庭/宿舍中，每日将收集的生活垃圾分类后称重、测试容重，连续进行 2 周。若在家中，学生每人 1 组；若在宿舍中，可以宿舍为单位分组。

五、实验材料

（1）一次性口罩：2 周用量/组；

（2）PVC 检查手套或丁腈手套：2 周用量/组；

（3）5~20 L 塑料桶：1 个/组；

（4）1 m 量尺：1 个/组。

六、实验装置

厨房秤：量程为 2~10 kg，感量 0.1 g，含称量盘。

七、实验步骤和方法

（1）每日收集家庭/宿舍中产生的生活垃圾，将其分为厨余类、纸类、橡塑类、纺织类、木竹类、灰土类、砖瓦陶瓷类、玻璃类、金属类、其他和混合类 11 类。对生活垃圾中由多种材料制成的物品，易判定成分种类并可拆解者，应将其分割拆解后，依其材质归入表中相应类别；对于不易判定或分割、拆解困难的复合物品，将其归入与其主要材质相符的类别中。目测粒径小于 10 mm、分类困难的归为混合类。

（2）用厨房秤分别称量各组分的质量，计算生活垃圾总质量、生活垃圾每日产生量（kg·d^{-1}）、人均每日产率（kg·d^{-1}·人$^{-1}$）和物理组成（%）。

（3）称量塑料桶空桶质量。分别将除厨余类外的 10 类组分混合垃圾和厨余类垃圾放在塑料桶中，振动 3 次，不压实状态下垃圾刚好装满塑料桶（若不能装满，则用量尺量取垃圾装填的高度和垃圾桶高度，估算垃圾装填体积），称量垃圾质量。依据塑料桶和垃圾体积，计算厨余类垃圾及另 10 类组分混合垃圾的容重。若塑料桶体积未知，可用量尺量取直径和高度，估算其体积。

（4）上述实验每天一次，连续进行 2 周。

八、实验结果整理和数据处理要求

（一）实验结果记录
见表 1-2。
（二）实验数据处理
见表 1-3。

表 1-2 实验结果记录表

时间	各组分质量/kg											合计质量/kg	厨余类质量/kg	厨余类体积/L	10组分质量/kg	10组分体积/L
	厨余类	纸类	橡塑类	纺织类	木竹类	灰土类	砖瓦陶瓷类	玻璃类	金属类	其他	混合类					
周一																
周二																
周三																
周四																
周五																
周六																
周日																
周一																
周二																
周三																
周四																
周五																
周六																
周日																
合计																

注：10组分为除去厨余类外的 10 类组分。

表 1-3 实验数据处理表

时间	物理组成 /%											容重/(kg·m⁻³)		垃圾产生量/(kg·d⁻¹)	垃圾人均每日产率/((kg·d⁻¹)·人⁻¹)
	厨余类	纸类	橡塑类	纺织类	木竹类	灰土类	砖瓦陶瓷类	玻璃类	金属类	其他	混合类	厨余类	10组分		
周一															
周二															
周三															
周四															
周五															
周六															
周日															
周一															
周二															
周三															
周四															
周五															
周六															
周日															
最小值															
最大值															
平均值															
标准偏差															
中位值															

注:10 组分为除去厨余类外的 10 类组分。

九、注意事项和建议

（1）用不同垃圾桶或其他容器分类收集厨余类与其余 10 类组分（10 类组分可分类收集，或者混合收集后，在测试时分类）；

（2）塑料桶每天使用后需洗净晾干；

（3）垃圾中有碎玻璃、尖锐物时，注意做好手部防护，不要被划伤。

十、思考题

（1）分析生活垃圾人均每日产率的变化规律（周一至周日）和波动范围，论述掌握垃圾产生量变化规律的重要性。

（2）分析生活垃圾物理组成的变化规律（周一至周日）和波动范围，论述掌握垃圾物理组成变化规律的重要性。

（3）分析生活垃圾中有哪些组分具有回收价值，宜采用什么方式回收利用？

（4）比较厨余垃圾和其余 10 类组分混合垃圾容重的差异，试论述测量垃圾容重的意义和对收集运输的影响。

（5）试论述城市生活垃圾产生量和物理组成变化的影响因素。

（6）分析影响测定误差的主要因素有哪些，应如何减少测定误差？

十一、主要参考文献

［1］何品晶. 固体废物处理与资源化技术［M］. 北京：高等教育出版社，2011：1-15.

［2］中华人民共和国住房和城乡建设部. 生活垃圾采样和分析方法：CJ/T 313—2009［S］. 北京：中国标准出版社，2009.

实验二　生活垃圾采样、制样和理化性质分析

（实验学时：8 学时；编写人：王松林、冯晓楠、李道圣、何品晶、章骅；编写单位：华中科技大学、同济大学）

一、实验目的

（1）了解生活垃圾采样基本要求，掌握生活垃圾样品缩分方法——四分法；

（2）掌握生活垃圾混合样与合成样的制备方法；

（3）掌握生活垃圾样品理化性质分析方法，包括物理组成、容重、含水率、可燃分和灰分含量、热值。

二、实验基本要求

（1）预习《固体废物处理与资源化技术》第二章，了解生活垃圾含水率、可燃分和灰分、容重、热值概念；

（2）预习生活垃圾样品采集实验步骤；

（3）预习一次样品、二次样品、合成样、混合样概念，以及生活垃圾样品制备实验步骤，掌握一次样品与二次样品的制备原理，分清混合样与合成样的区别；

（4）预习物理组成、容重、含水率、可燃分和灰分含量、热值测试方法。

三、实验原理

生活垃圾处理与资源化技术的共性过程是转化，而转化的本质是性质的转化。因此，生活垃圾性质分析（识别、鉴定和定量）是生活垃圾处理与资源化技术的重要内容。通常生活垃圾来源多样，成分复杂，形态各异，密度和物料尺寸差别大、均匀性差，代表性样品的获得有一定的难度。垃圾的特性在收集、运输、贮存等过程中也会发生改变，增加了垃圾取样的困难。取样的代表

性和制样的均匀性是影响后续垃圾组成和性质分析的关键因素。因此，需要科学合理的采样和制样方法来保证分析数据的代表性。

四分法是常用的生活垃圾样品缩分方法，通过将生活垃圾搅拌均匀后堆成圆锥体，并压成圆台，按照十字将其四等分，然后舍弃其中对角的两份；通过重复以上程序获得具有代表性的样品。

一次样品是指对所采集的生活垃圾进行粗破碎、缩分后得到的样品，用于物理组成和含水率分析。二次样品是指对已完成生活垃圾物理组成和含水率分析的一次样品的各个物理组分进行缩分、粉碎、研磨、混配后得到的样品，用于生活垃圾可燃分和灰分含量、热值和化学成分等项目分析。通常，将烘干后的生活垃圾各组分破碎至 5 mm 粒径以下，选择混合样或合成样两种样品形式之一制备二次样品备测。

通过称量固定体积容器内生活垃圾质量，可计算生活垃圾容重；按照《生活垃圾采样和分析方法》（CJ/T 313—2009）将生活垃圾的物理组成分为11 类：厨余类、纸类、橡塑类、纺织类、木竹类、灰土类、砖瓦陶瓷类、玻璃类、金属类、其他和混合类，通过称量不同物理组分的质量，获得垃圾物理组成；通过生活垃圾工业分析和热值分析，获取含水率、可燃分和灰分含量、热值，可为垃圾处理工艺方案选择和资源化利用提供基础数据。

四、课时安排

（1）理论课时安排：1 学时，介绍生活垃圾采样和分析的目的、原理和基本要求，讲解四分法缩分方法、混合样与合成样等基本概念，介绍实验材料、仪器和作业规程，讲解实验数据分析和测试方法，提出安全操作要求和注意事项。

（2）实验课时安排：7 学时，其中样品制备 1 学时，容重测定实验 1 学时，物理组成测定实验 1 学时，含水率测定实验 1 学时，可燃分及灰分测定实验 2 学时，热值测定实验 1 学时。3~4 名学生 1 组。

五、实验材料

（一）样品

居民小区、学生宿舍产生的生活垃圾：质量 500 kg 以上。

（二）器皿和工具

（1）人工搅拌及取样工具：尖头铁锹 2 把/组、耙子 1 个/组、小铲 4 个/组、橡皮手套 4 双/组、5 m×5 m 彩条布 1 片/组；

（2）其他工具：夹子、锯子、锤子、强力剪刀、十字分样板、药碾、胶带、计算器、皮尺、小型手推车各 1 件/组；

（3）高密度聚乙烯垃圾桶：240 L 带盖垃圾桶 1 个/组；120 L 垃圾桶 1 个/组；

（4）10 L 硬质塑料桶：11 个/组，可耐 150 ℃ 以上高温，易清洗；

（5）搪瓷盘：11 个/组；

（6）孔径为 10 mm 的标准筛：1 个/组；

（7）250~500 mL 带磨口的广口玻璃瓶：4 个/组；

（8）30~50 mL 带盖陶瓷坩埚：3 个/组；

（9）坩埚钳：1 个/组；

（10）干燥器：1 个/组；

（11）耐热石棉网：4 个/组。

六、实验装置

（1）小型破碎机：可将生活垃圾中各种组分的粒径破碎至 5 mm 以下；

（2）研磨仪：可将生活垃圾中各种组分的粒径破碎至 0.5 mm 以下；

（3）电子天平：量程 100 g，感量 0.000 1 g；量程 1 000 g，感量 0.1 g；

（4）电子磅秤：量程 100 kg，感量 20 g；

（5）电子台秤：量程 30 kg，感量 5 g；

（6）电热恒温鼓风干燥箱：工作温度为室温 + 10 ~ 250 ℃，控温精度为 ±1 ℃；

（7）马弗炉：最高使用温度 1 000 ~ 1 200 ℃，控温精度 ±1 ℃；

（8）氧弹式量热仪：测温准确度大于 0.002 ℃。

七、实验步骤和方法

实验流程如图 2-1 所示。

（一）采样

从居民区或学生宿舍区选 5~15 个装满生活垃圾的垃圾桶（估算垃圾总质量在 500 kg 以上），用手推车运输到现场附近的平坦场地，场地铺上彩条布，用铁锹、耙子等工具将生活垃圾转移到彩条布上，采用四分法现场缩分：用铁锹将生活垃圾搅拌均匀后堆成圆锥体，并压成圆台，用十字分样板按照十字将其四等分，然后舍弃其中对角的两份；余下部分重复进行前述操作，进行搅拌、堆圆锥、压圆台、十字四等分，再舍弃其中对角的一半。以此类推，直到缩分后的样品量约为 100 kg 为止。将缩分后的生活垃圾样品装入 240 L 带盖高密度聚乙烯垃圾桶，用于后续分析，剩余生活垃圾装回原垃圾桶，运回原处。

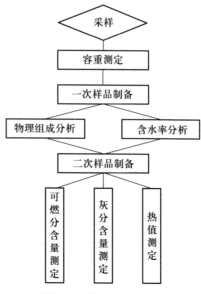

图 2-1 实验流程示意图

（二）容重测试

（1）用量程为 100 kg 的电子磅秤称量 120 L 高密度聚乙烯塑料桶空桶质量 M_{di0}；

（2）将步骤（一）中采集的生活垃圾样品放入该塑料桶，振动 3 次，不压实状态下垃圾刚好装满塑料桶；

（3）用电子磅秤称量样品和塑料桶合计质量 M_{di1}，重复上述操作 3 次；

（4）按式（2-1）计算生活垃圾容重，计算结果以 3 位有效数字表示。

$$d_i = \frac{M_{di1} - M_{di0}}{V} \times 1\,000 \tag{2-1}$$

式中：d_i——第 i 次测试的生活垃圾容重，$kg \cdot m^{-3}$；

$\quad i$——重复测定序次，$i = 1, 2, \cdots, m$，m 一般取 3 次；

$\quad M_{di0}$——第 i 次测试的 120 L 高密度聚乙烯塑料桶空桶质量，kg；

$\quad M_{di1}$——第 i 次测试的 120 L 高密度聚乙烯塑料桶和垃圾的合计质量，kg；

$\quad V$——塑料桶容积，120 L。

（三）一次样品制备

将测完容重后的生活垃圾样品摊铺在彩条布上，用强力剪刀、锤子、锯子等工具，将垃圾中的大粒径物品（>200 mm）破碎至 100~200 mm，用铁锹充分混合搅拌垃圾，再用四分法缩分 2 次，至样品质量为 25~50 kg。确实难以全部破碎的组分可以预先剔除，在其余部分破碎缩分后，按缩分比例将剔除的生活垃圾组分破碎加入样品中。一次样品用于物理组成和含水率测试。

（四）生活垃圾物理组成分析

（1）用量程为 30 kg 的电子台秤分别称量各个 10 L 硬质塑料桶空桶（标记编号）的质量 $M_{C0,j}$；

（2）按照表 1-1 的类别，分拣生活垃圾样品中各组分，分别放在 10 L 硬质塑料桶中；将粗分拣后剩余的样品充分过筛（孔径 10 mm），筛上物细分拣出各组分，筛下物按其主要组分分类，确实分类困难的归为混合类；

（3）对生活垃圾中由多种材料制成的物品，易判定成分种类并可拆解者，应将其分割拆解后，依其材质归入表中相应类别；对于不易判定及分割、拆解困难的复合物品，可直接将其归入与其主要材质相符的类别中，或者按表 1-1 分类目测其各类成分的组成比例，根据物品质量，分别计入各自的类别中；

（4）用量程为 30 kg 的电子台秤分别称量含垃圾组分的各个硬质塑料桶质量 $M_{C1,j}$；

（5）分别按公式（2-2）和（2-3）计算生活垃圾湿基和干基物理组成，计算结果保留 2 位小数。其中，$\omega_{w,j}$ 和 ω_w 由步骤（五）测得。

$$C_j = \frac{M_{C1,\,j} - M_{C0,\,j}}{\sum\limits_{j=1}^{n} \left(M_{C1,\,j} - M_{C0,\,j} \right)} \times 100\% \tag{2-2}$$

$$C_j' = C_j \times \frac{1 - \omega_{w,j}}{1 - \omega_w} \tag{2-3}$$

式中：C_j——垃圾组分 j 的湿基含量，%；

$\quad M_{C1,j}$——含垃圾组分 j 的硬质塑料桶质量，kg；

$\quad M_{C0,j}$——用于置放垃圾组分 j 的硬质塑料桶空桶质量，kg；

$\quad n$——垃圾组分数量，$n = 11$；

$\quad C_j'$——垃圾组分 j 的干基含量，%；

$\quad \omega_{w,j}$——垃圾组分 j 的含水率，%；

$\quad \omega_w$——总体垃圾样品含水率，%。

（五）生活垃圾含水率测定

（1）用量程为 1 000 g 的电子天平称量各个干燥后空搪瓷盘（标记编号）的质量 $M_{w0,j}$，将物理组成分析中分拣的各种垃圾组分样品分别放在搪瓷盘内，称量含垃圾组分的搪瓷盘质量 $M_{w1,j}$ 后，置于电热鼓风恒温干燥箱内，在 105±5 ℃ 的条件下烘 4～6 h（厨余类生活垃圾可适当延长烘干时间），在干燥皿中冷却 0.5 h 后称量含垃圾组分的搪瓷盘质量 $M_{w2,j}$；

（2）将搪瓷盘重新置于电热鼓风恒温干燥箱再烘 1～2 h，在干燥皿中冷却

0.5 h 后称量含垃圾组分的搪瓷盘质量 $M_{W3,j}$，观测两次称量之差是否小于样品质量的 1/100（若不能满足，可由实验教师代为继续烘干，直至满足要求），妥善保存烘干后的各种成分，用于生活垃圾其他项目的测定；

（3）用式（2-4）和式（2-5）分别计算垃圾组分和总体样品含水率，结果保留两位小数。

$$\omega_{W,j} = \frac{(M_{W2,j} + M_{W3,j})/2 - M_{W0,j}}{M_{W1,j} - M_{W0,j}} \times 100\% \qquad (2-4)$$

$$\omega_W = \sum_{j=1}^{n} \omega_{W,j} \times C_j \qquad (2-5)$$

式中：$M_{W2,j}$——第 1 次烘干后含垃圾组分 j 的搪瓷盘质量，g；

$M_{W3,j}$——第 2 次烘干后含垃圾组分 j 的搪瓷盘质量，g；

$M_{W0,j}$——用于置放垃圾组分 j 的空搪瓷盘质量，g；

$M_{W1,j}$——烘干前含垃圾组分 j 的搪瓷盘质量，g。

（六）二次样品制备

本实验选择以混合样方式制备二次样品。先用小型破碎机将干燥后的垃圾组分破碎至粒径 5 mm 以下；严格按照生活垃圾样品物理组成的干基比例，将各垃圾组分混合均匀；然后采用四分法，将混合后的垃圾样品缩分至 500 g；缩分后的样品用研磨仪研磨至粒径 0.5 mm 以下，放在干燥器中保存。

（七）可燃分、灰分含量测定

（1）用量程为 100 g 的电子天平称量 3 个已在 815 ℃的条件下烘干至恒重并冷却的坩埚质量 M_{Pk0}，分别准确称取 5.0±0.1 g（精确至 0.000 1 g）二次样品放入各个坩埚中，记录含二次样品的坩埚质量 M_{Pk1}；

（2）将坩埚放入马弗炉中，在 30 min 内将炉温缓慢升到 300 ℃，保持 30 min，再将炉温升到 815±10 ℃，在此温度下灼烧 3 h；

（3）停止灼烧，待温度降至 300 ℃左右时，将坩埚取出放在石棉网上，盖上盖，在空气中冷却 5 min，然后将坩埚放入干燥器，冷却至室温后称重 M_{Pk2}；

（4）将坩埚放入马弗炉中再次灼烧 20 min，冷却至室温后称重 M_{Pk3}，观测两次称量之差是否小于 0.000 5 g（若不能满足，可由实验教师代为继续灼烧，直至满足要求）；

（5）按式（2-6）计算灰分干基含量，按式（2-7）计算可燃分干基含量，按式（2-8）、式（2-9）分别换算灰分和可燃分湿基含量，计算结果保留两位小数。

$$\omega'_{Ak} = \frac{(M_{Pk2}+M_{Pk3})/2-M_{Pk0}}{M_{Pk1}-M_{Pk0}}\times100\% \tag{2-6}$$

$$\omega'_{CBk} = 1-\omega'_{Ak} \tag{2-7}$$

$$\omega_{Ak} = \omega'_{Ak}\times(1-\omega_{Wk}) \tag{2-8}$$

$$\omega_{CBk} = 1-\omega_{Ak}-\omega_{Wk} \tag{2-9}$$

式中：ω'_{Ak}——平行样 k 的灰分干基含量，%；

$\quad$ M_{Pk2}——平行样 k 第 1 次灼烧后的坩埚和垃圾的总质量，g；

$\quad$ M_{Pk3}——平行样 k 第 2 次灼烧后的坩埚和垃圾的总质量，g；

$\quad$ M_{Pk0}——平行样 k 的空坩埚质量，g；

$\quad$ M_{Pk1}——平行样 k 灼烧前的坩埚和垃圾的总质量，g；

$\quad$ k——平行样序号，$k=1, 2, \cdots, m$，m 一般取 3；

$\quad$ ω'_{CBk}——平行样 k 的可燃分干基含量，%；

$\quad$ ω_{Ak}——平行样 k 的灰分湿基含量，%。

$\quad$ ω_{CBk}——平行样 k 的可燃分湿基含量，%；

$\quad$ ω_{Wk}——平行样 k 的含水率，%。

（八）热值测定

按照氧弹式量热仪操作手册，测试二次样品的热值。程序一般如下：

（1）根据量热仪的测定量程确定二次样品质量，然后用量程为 100 g 的电子天平称取一定质量的二次样品，精确至 0.000 1 g，装入氧弹的坩埚中；

（2）将坩埚装在坩埚架上，在两电极上装好点火丝，拧紧氧弹的盖子；在充氧装置上向氧弹缓慢充入氧气，使其中压力达到 2.8～3.0 MPa，充氧时间不少于 15 s；将氧弹装到内筒的氧弹架上，盖好内筒盖；

（3）打开计算机并启动氧弹式量热仪，查看主机面板的水位、主板、通信卡的工作是否正常，同时根据室内温度的大小，设置外筒及内筒的温度，等待仪表上的温度到达设定值方可开始实验；将样品数据（编号和质量）输入到电脑程序中并点击开始实验，仪器自动操作并进行相关计算，实验过程中如出现异常，计算机都将给予提示；

（4）氧弹式量热仪测定的热值为样品干基高位热值，按式（2-10）计算样品湿基低位热值。

$$H_l = H_0(1-\omega_W)-600(9\times\omega_H+\omega_W) \tag{2-10}$$

式中：H_0——干基高位热值，kcal·kg^{-1}；

$\quad$ H_l——湿基低位热值，kcal·kg^{-1}；

$\quad$ ω_H——氢元素湿基含量，%。

八、实验结果整理和数据处理要求

记录测试结果，并计算生活垃圾容重、物理组成、含水率、可燃分和灰分含量、热值，见表 2-1~表 2-5。

表 2-1　生活垃圾容重测定实验记录和数据处理表

测定序次 i	空桶质量 M_{di0}/kg	桶和垃圾的合计质量 M_{di1}/kg	垃圾质量 /kg	垃圾容重 /(kg·m⁻³)
1				
2				
3				
平均值				
标准偏差				

表 2-2　生活垃圾物理组成实验记录和数据处理表

组成	空桶质量 $M_{C0,j}$/kg	含垃圾的桶质量 $M_{C1,j}$/kg	垃圾质量 /kg	湿基物理组成/%	干基物理组成/%
1. 厨余类					
2. 纸类					
3. 橡塑类					
4. 纺织类					
5. 木竹类					
6. 灰土类					
7. 砖瓦陶瓷类					
8. 玻璃类					
9. 金属类					
10. 其他					
11. 混合类					
总质量				—	—

表 2-3 生活垃圾含水率测定实验记录和数据处理表

| 组成 | 烘干前 | | | 烘干后 | | | 含水率 /% |
	空盘质量 $M_{w0,j}$ /kg	含垃圾的盘质量 $M_{w1,j}$ /kg	垃圾质量 /kg	第一次质量 $M_{w2,j}$ /kg	第二次质量 $M_{w3,j}$ /kg	平均质量 /kg	垃圾质量 /kg	
1. 厨余类								
2. 纸类								
3. 橡塑类								
4. 纺织类								
5. 木竹类								
6. 灰土类								
7. 砖瓦陶瓷类								
8. 玻璃类								
9. 金属类								
10. 其他								
11. 混合类								
总质量								

表 2-4　垃圾可燃分与灰分测定实验记录和数据处理表

坩埚序号	灼烧前		垃圾质量/g	灼烧后			残渣质量/g	干基灰分含量/%	干基可燃分含量/%	湿基灰分含量/%	湿基可燃分含量/%
	空坩埚质量 M_{Pk0}/g	坩埚和垃圾的总质量 M_{Pk1}/g		第一次质量 M_{Pk2}/g	第二次质量 M_{Pk3}/g	平均质量/g					
1											
2											
3											
平均值											
标准偏差											

表 2-5　垃圾热值测定实验记录和数据处理表

样品编号	样品质量/g	干基高位热值/(kcal·kg^{-1})	湿基低位热值/(kcal·kg^{-1})
1			
2			
3			
平均值			
标准偏差			

九、注意事项和建议

（1）采样应避免在大风、雨、雪等异常天气条件下进行；

（2）在同一区域有多个采样点时，宜尽可能同时进行；

（3）采样应注意现场安全和卫生；

（4）在粉碎样品时，难以全部破碎的生活垃圾可预先剔除，在其余部分破碎缩分后，按缩分比例将剔除的生活垃圾部分破碎后加入样品中，不可随意丢弃难破碎的组分；

（5）二次样品应在阴凉干燥处保存，保存期为 3 个月，保存期内若吸水受潮，则应在 105±5 ℃的条件下烘干至恒重后，才能用于测定；

（6）含水率应在 24 h 内测完；

（7）因样品重复烘干、马弗炉升温降温耗时较长，可由实验教师辅助完成重复烘干、重复灼烧的步骤。

十、思考题

（1）试论述样品采集在固体废物管理工作中的重要性。

（2）居民生活垃圾样品采集为什么应采取点面结合方式进行？

（3）垃圾样品缩分为什么采用四分法？

（4）试叙述测量垃圾容重的意义。

（5）试叙述生活垃圾物理组成变化的影响因素及其变化规律。

（6）论述掌握垃圾物理组成及其变化规律的重要性。

十一、主要参考文献

［1］何品晶. 固体废物处理与资源化技术［M］. 北京：高等教育出版社，2011：16-23，41-46.

［2］中华人民共和国住房和城乡建设部. 生活垃圾采样和分析方法：CJ/T 313—2009［S］. 北京：中国标准出版社，2009.

实验三　海滩垃圾调查采样和物理性质分析

（实验学时：3 学时；编写人：金春姬；

编写单位：中国海洋大学）

一、实验目的

（1）掌握海滩垃圾调查方法；

（2）掌握海滩垃圾碎片类型和分布密度分析方法；

（3）掌握海滩垃圾容重分析方法；

（4）了解海洋和海滩环境中存在的固体废物对环境的影响。

二、实验基本要求

（1）预习《固体废物处理与资源化技术》第一章和第二章，了解固体废物的定义、分类及其环境危害；

（2）预习固体废物污染对水环境和海洋生态的影响；

（3）预习生活垃圾物理组成、容重分析方法。

三、实验原理

海洋垃圾（marine debris）是指，在海洋和海滩环境中具有持久性的、人造的或经加工的被丢弃的固体废物，包括故意弃置于海洋和海滩的已使用过的物件；由河流、污水、暴风雨或大风直接携带入海的物体；恶劣天气条件下意外遗失的渔具、物件等。海洋垃圾可分为海面漂浮垃圾、海滩垃圾及海底垃圾。

其中，海滩垃圾调查监测有两项重要指标：累计速率和持续存量。

累计速率（accumulation rate）是指，在一个采样单元，单位时间内垃圾停留在海滩上的数量。通过收集一个时间段内被冲刷并停留在设定的海滩采样单元上的垃圾碎片，称重、计算得出单位时间内垃圾累计速率。累计速率用于了解和评价调查区域内海滩上垃圾碎片的总量随时间的变化情况。

持续存量（standing stock）是指，在一个采样单元，某一时间点海滩上停留的垃圾数量。通过收集某一个时间点上停留在设定的海滩采样单元上的垃圾碎片，经过称重，计算得出垃圾持续存量。

在同一个采样单元这两项指标不能被同时监测，需要在不同的单元进行监测。海滩上垃圾的分布密度（D）计算方法如式（3-1）所示。

$$D = \frac{n}{Lw} \qquad (3-1)$$

式中：D——垃圾分布密度，$g \cdot m^{-2}$；

　　　w——调查断面宽度或整块海滩宽度，m；

　　　L——调查断面的总长度或整块海滩长度，m；

　　　n——垃圾碎片的质量总和，g。

对在海滩采样单元收集的垃圾，可参照《生活垃圾采样和物理分析方法》（CJ/T 313—2009）中垃圾容重测试方法，测定混合垃圾的容重。海滩垃圾的容重（d）计算方法如式（3-2）所示。

$$d_i = \frac{M_{di1} - M_{di0}}{V} \qquad (3-2)$$

式中：d_i——第 i 次测试获得的海滩垃圾容重，$kg \cdot m^{-3}$；

　　　i——重复测定序次，$i = 1, 2, \cdots, m$，m 一般取 3 次；

　M_{di0}——第 i 次测试的空容器的质量，g；

　M_{di1}——第 i 次测试的装有海滩垃圾的容器的质量，g；

　　　V——容器容积，L。

四、课时安排

教师应事先选取好拟开展调查的海滩，掌握采样时段的潮汐规律。海滩的物理特征（坡度、地层结构、组成成分等）和可接近程度（有无公共交通、地理位置是否偏远）是确定海滩是否适于开展垃圾碎片调查的重要依据。适合进行垃圾碎片调查的海滩要有适当的坡度，组成成分主要为砂子或碎石，紧邻开阔海域，没有修筑防波堤，地理位置不是十分偏远，并且对公众开放。

根据学生分组情况可选取滨海旅游娱乐区、农渔业区、港口海运区等不同海洋功能区设置调查断面。内陆地区可选当地易接近的湖河岸滩参照海滩垃圾调查方法开展实验。

（1）理论课时安排：0.5~1.0 学时，介绍海滩垃圾调查采样和分析的目的、原理和基本要求，讲解实验流程，提出安全操作要求和注意事项。

（2）实验课时安排：2.0~2.5 学时。根据所选海滩的地理位置和交通条件，从抵达海滩到现场调查结束所需时间为 2.0~2.5 学时。实际组织时需要另外考虑往返海滩的交通所需时间。

五、实验材料

（1）地形图：1 张/组，用于标记调查区域；

（2）长度为 100 m 的米制卷尺：1 个/组，用于测量采样单元的长度和宽度，以及难以举起的大块及特大块垃圾碎片；

（3）桩子、彩带、PVC 管：5~15 个/组，用于标记调查断面；

（4）人工搅拌及取样工具：尖头铁锹、耙子、镂空塑料筐、孔径 2.5 cm 和 6 mm 筛网各 1~2 个/组；

（5）边长 3~5 m 无纺布：1 块/组；

（6）带标签的 1 L 广口塑料瓶：4 个/组，用于收集 6 mm 以上的小块垃圾碎片；

（7）50 L 垃圾桶：1 个/组；

（8）记号笔和油漆：在进行累计速率监测时，用来标记难以清理的大块及特大块垃圾；

（9）其他辅助工具：小号和大号垃圾袋、小刀和剪子、加厚劳保手套若干。

六、实验装置

（1）电子天平：量程 300 g，感量 0.1 g；量程 2 000 g，感量 1 g；

（2）电子台秤：量程 30 kg，感量 10 g；

（3）数码照相机或带拍照功能的手机；

（4）GPS 定位器。

七、实验步骤和方法

（一）海滩垃圾调查步骤

1. 调查断面布设

根据随机均匀分布原则，调查断面应覆盖并均匀分布于调查区域。

海滩垃圾调查区域为自然海滩岸线，包括定期清理的海滩和未经清理的海滩。海滩长度不大于 2 km 时，设置不少于 2 个调查断面；海滩长度为 2~5 km 时，设置不少于 3 个调查断面；海滩长度大于 5 km 时，设置不少于 5 个调查断面。

对定期清理的海滩，宜进行累计速率监测；对小块垃圾清扫困难的海滩，宜进行持续存量监测。进行累计速率监测时，采样单元应该是海滩上随机布设的监测断面或者整个海滩，采样开始时必须将采样单元内的所有可见垃圾碎片清理干净（不包括被掩埋在沙滩里的垃圾碎片）。进行持续存量监测时，采样单元为海滩上随机布设的监测断面，采样开始前不应事先清理采样单元内的可见垃圾。

监测断面宽度为 5 m，长度为从水边或湿泥滩的边缘至平均高潮线处或植被覆盖区域。

2. 调查采样

3 人一组，2 人采集和处理垃圾碎片，另 1 人记录数据。采样调查时，对人力无法搬动的大块或特大块垃圾及 6 mm 以下的小块垃圾碎片不进行采样。调查人员不能随意行走，要按照图 3-1 提示的箭头路线行走。对采集的垃圾碎片按材料类型和大小分类（小块碎片：尺寸<2.5 cm；中块碎片：2.5 cm≤尺寸≤10 cm；大块碎片：10 cm<尺寸≤1 m；特大块碎片：尺寸>1 m）。中块、大块和特大块垃圾碎片，首先要根据材料类型进行统计分类和称重，然后参照表 3-1 中所列的主要材料类型，列出详尽的物件清单。

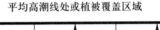
平均高潮线处或植被覆盖区域

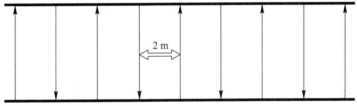
2 m

水边或湿泥滩的边缘

图 3-1　海滩垃圾调查采样方法示意图

3. 分布密度计算

将所有分类的垃圾称重后，计算总质量；量取调查断面的长和宽，按式（3-1）计算该海滩或采样断面的垃圾分布密度。

除了难以清理的垃圾碎片（例如：人力无法搬动的大块或特大块垃圾，6 mm 以下的小块垃圾碎片）外，应尽可能将海滩上采集的垃圾碎片全部集中起来，以备开展后续容重测试。

表 3-1　按材料类型的物件清单

材料类型	名称
塑料类	袋子、瓶子、香烟过滤嘴、打火机、桶、盖子、勺子、刀叉、吸管、帽子、尿布、注射器、渔线、渔网、浮漂、安全帽、奶瓶、绳索、玩具、吊环等
聚苯乙烯泡沫塑料类	浮标、杯子、鸡蛋泡沫盒、快餐盒（盘）等
玻璃类	瓶子、荧光灯管、球形灯泡、玻璃片等
金属类	金属桶、饮料罐、金属板、金属片、铁丝等
橡胶类	气球、橡胶手套、轮胎、避孕套等
织物（布）类	衣服、破布等
木制品类	板条箱、筷子、木箱等，不包括未经加工的树枝、树叶
纸类	纸袋、纸板、杯子、报纸等
其他	其他人造物品及无法辨认的材料

（二）海滩垃圾容重分析

1. 四分法采样

将上述采集的垃圾样品全部汇集一处，分拣出特大或特长的垃圾，其余垃圾搅拌均匀后堆成圆锥或方形，将其十字四等分，然后随机舍弃其中对角的两份，余下部分重复堆成圆锥或方形并分为四等分，舍弃一半，直至达到合理的采样量（一般 20 kg 左右）。

2. 称重

先称量空垃圾桶（高密度聚乙烯桶，50 L）质量，再将四分法采集的样品放入垃圾桶内，振动 3 次，不要压实，称量样品质量，然后按照式（3-2）计算容重。重复测试 3 次。

八、实验结果整理和数据处理要求

（一）实验结果记录

将海滩垃圾采样分类记录在表 3-2 中，海滩垃圾分布密度和容重测试数据分别记录在表 3-3 和表 3-4 中。

表 3-2　海滩垃圾采样分类记录表

海滩名称或编号＿＿＿＿＿＿＿	调查日期（年/月/日）＿＿＿＿＿
调查者＿＿＿＿＿＿＿＿＿＿	调查断面编号＿＿＿＿＿＿＿＿
海滩位置（纬度/经度）＿＿＿＿	调查断面的位置（纬度/经度）＿＿
沙滩沉积类型（砾石、粗砂、细分砂、黏土等）＿＿＿＿＿＿＿＿	海滩长度＿＿＿＿＿＿＿＿＿＿ 海滩坡度＿＿＿＿＿＿＿＿＿＿
采样开始时间＿＿＿＿＿＿＿	采样结束时间＿＿＿＿＿＿＿＿
调查断面长度＿＿＿＿＿＿＿	调查断面宽度＿＿＿＿＿＿＿＿
天气情况＿＿＿＿＿＿＿＿＿	潮汐＿＿＿＿＿＿＿＿＿＿＿＿

总数量/个：＿＿＿＿＿＿＿＿　　　　总质量（干重）/g：＿＿＿＿＿＿＿＿

物体编号	样品分类		质量[①]/g	大小[②]/cm（长度×宽度）	来源（海上或陆源）	备注
	类型	名称				

资料来源：本表摘自《海洋垃圾监测与评价技术规程》。

① 不包括质量超过 20 kg 的垃圾碎片。

② 小块垃圾碎片记录为<2.5 cm。

表 3-3　海滩垃圾分布密度记录表

海滩名称或编号	样品总质量/g	调查断面长度/m	调查断面宽度/m	分布密度/(g·m^{-2})
采样单元 1				
采样单元 2				
⋮				
平均值	—	—	—	
标准偏差	—	—	—	

表 3-4　海滩垃圾容重记录表

海滩名称或编号：　　　　　　　　　　　　　调查日期：　　年　月　日

称量项目	第 1 次	第 2 次	第 3 次	平均值	标准偏差
空垃圾桶质量/g					
垃圾和桶的总质量/g					
垃圾样品质量/g					
空垃圾桶容积/L					
垃圾容重/(kg·m^{-3})					

（二）实验数据处理

（1）在表 3-3 和表 3-4 中，计算海滩垃圾分布密度和容重，数据要保留三位有效数字。

（2）计算海滩垃圾分布密度和容重的平均值和标准偏差，分析并剔除实验数据中的异常值（方法参见附录三第三节）。

九、注意事项和建议

（1）避免在大风、雨、雪等异常天气条件下进行实验；

（2）根据海滩长度，结合学生分组数，设定采样断面数量，将所有组各采样断面上测得的数据作为平行样，进行统计分析；

（3）采样应注意现场安全，注意潮汐变化。

十、思考题

（1）从调查结果来看，海滩垃圾以哪些类型垃圾为主？

（2）分拣出的特大或特长垃圾会如何影响垃圾容重计量？

（3）结合调查海滩的地理位置和功能区类型，分析海滩垃圾的主要来源和入海途径。

十一、主要参考文献

［1］何品晶. 固体废物处理与资源化技术［M］. 北京：高等教育出版社，2011：23.

［2］中华人民共和国住房和城乡建设部. 生活垃圾采样和分析方法：CJ/T 313—2009［S］. 北京：中国标准出版社，2009.

［3］国家海洋局生态环境保护司. 关于印发《海洋垃圾监测与评价技术规程》（试行）的通知［Z］. 海环字［2015］31号，2015.

实验四 生活垃圾压缩比

（实验学时：6学时；编写人：韩智勇、钟敏；
编写单位：成都理工大学）

一、实验目的

（1）理解生活垃圾压缩比的基本概念，了解典型生活垃圾组分的压缩特性；

（2）了解杠杆式高压固结仪的基本工作原理和主要功能，以及 GDG 系列杠杆式高压固结仪的基本操作过程；

（3）掌握垃圾压缩比实验的工作原理及基本操作过程；

（4）理解生活垃圾压缩比和加荷压强的曲线关系，掌握生活垃圾压缩比的影响因素。

二、实验基本要求

（1）预习 GDG 系列杠杆式高压固结仪的基本工作原理、主要功能和基本操作步骤；

（2）预习《固体废物处理与资源化技术》第二章中的固体废物可压缩性，以及不同压缩特性表征的概念和计算方法；

（3）预习生活垃圾压缩特性的主要影响因素。

三、实验原理

压缩是生活垃圾常见的一种预处理方式。在生活垃圾的收集、运输过程中常通过压缩减少生活垃圾的体积，提高运输效率，降低运输费用。

本实验采用 GDG 系列杠杆式高压固结仪，测定生活垃圾典型组分纸和塑料的压缩比。通过将纸与塑料制备成一定规格的模拟垃圾试样，然后在测限内测定试样在不同荷载下的轴向变形，绘制模拟垃圾试样压缩比与加荷压强的关系曲线，比较纸和塑料的可压缩性，为生活垃圾收集和预处理的压缩设计提供依据。

GDG 系列杠杆式高压固结仪采用单杠杆砝码施加法向力，测定试样在测限与轴向排水条件下的变形和压力，或孔隙比和压力的关系及变形和时间的关系，可以计算试样的各项压缩性指标，包括压缩比、压缩模量、固结系数、压缩指数、回弹指数及原状试样的先期固结压力等。试样在外荷载作用下，其空隙间的水和空气逐渐被挤出，试样的骨架颗粒之间便被相互挤紧，封闭气泡的体积也将缩小，从而引起试样的压缩变形。

四、课时安排

（1）理论课时安排：1~2 学时，讲解实验原理，详细讲授实验操作步骤和实验过程的注意事项。实验小组根据课前的预习资料和教师授课内容进行讨论，确定本组所测模拟垃圾组分（纸和塑料）的含水率及初始容重等相关实验参数。各小组根据确定的含水率和容重初始值，开展样品称量、调湿，并制备试样等操作，同时制备一组平行样。

（2）实验课时安排：4~5 学时。由于测定的实验操作相对较简单，故每个小组安排一名同学加载砝码，一名同学读数与记录实验数据，其余同学配合完成整个实验过程。

五、实验材料

（1）粒径 5~10 mm 的办公纸屑：100 g/组；

（2）粒径 5~10 mm 的塑料碎屑：100 g/组；

（3）自来水；

（4）10 mL 量筒：1 个/组；

（5）500 mL 烧杯：1 个/组。

六、实验装置

（1）杠杆式三联高压固结仪：如图 4-1 所示，设备包括固结容器（环刀、护环、透水板、加压上盖、量表架）、加压设备（杠杆式）及变形量测设备（百分表）等。仪器主要技术指标如下：

试样尺寸：直径 61.8 mm 及直径 79.8 mm，高 20 mm；

杠杆比：1∶24 和 1∶20；

最大压强：4 000 kPa（30 cm^2 试样）及 2 000 kPa（50 cm^2 试样）。

（2）电子天平：量程 200 g，感量 0.01 g。

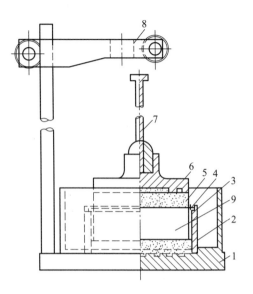

1. 水槽；2. 护环；3. 环刀；4. 导环；5. 透水板；6. 加压上盖；

7. 位移计导杆；8. 位移计架；9. 试样

图 4-1 杠杆式三联高压固结仪示意图

七、实验步骤和方法

（一）试样制备

（1）分别称取 15 g、17.5 g、17.5 g（平行样）、20 g 的办公纸屑于烧杯中，记为 m_{pa1}、m_{pa2}、m_{pa22}、m_{pa3}；分别称取 15 g、17.5 g、17.5 g（平行样）、20 g 的塑料碎屑于烧杯中，记为 m_{pl1}、m_{pl2}、m_{pl22}、m_{pl3}。按 18%～20% 的含水率计算，用量筒量取相应体积自来水倒入烧杯，用玻璃棒充分混合样品和自来水，完成调湿（作用是使样品接近真实状态，并方便压实）；

（2）标识环刀，将调湿后的试样依次装入不同环刀（60 cm³）中，边装边用击实器击实，使试样填满整个环刀。

（二）试样测定

（1）按照从下至上的顺序，依次将透水石、滤纸、带试样的环刀、滤纸、透水石放入固结仪容器中，上面盖上加压上盖，置于加压框架下；

（2）使用杠杆式三联高压固结仪时，先校准杠杆水平或稍高于水平，然后调节加压框架与容器接触，安装百分表，施加 1 kPa 的预压力使试样与仪器上下各部件之间充分接触，调初始值，记为 R_0。

（3）确定需要施加的各级荷载压力，压力等级依次为 12.5 kPa、50 kPa、200 kPa、400 kPa、800 kPa、1 600 kPa；

（4）依据实验要求逐级施加荷载，每级加压时间为 30 min，记录各级加压终止时的百分表读数，分别记为 R_1、R_2、R_3、R_4、R_5、R_6，即为试样累积轴向变形量；

（5）实验结束后吸去容器中的水，迅速拆除仪器各部件，取出试样，并清理仪器各部件。

八、实验结果整理和数据处理要求

（一）实验结果记录

将生活垃圾压缩实验结果记录于表 4-1。

表 4-1　生活垃圾压缩实验记录表

试样编号			实验时间		
实验人员			记录人员		
干基质量/g			调湿水质量/g		
湿基质量/g			环刀面积/cm²		
试样初始高度 h_0/mm			试样容重/(g·m⁻³)		
荷载编号	加荷压强 /kPa	累积轴向变形量 百分表读数/mm	试样高度 h_i/mm	压缩比 α_i	记录时间	备注
R_0	0					
R_1	12.5					
R_2	50					
R_3	200					
R_4	400					
R_5	800					
R_6	1 600					

（二）实验数据处理

（1）压缩比计算

试样压缩比的计算公式见式（4-1）。

$$\alpha_i = \frac{h_i}{h_0} \tag{4-1}$$

式中：α_i——i 级荷载下试样的压缩比，量纲为 1；

h_i——i 级荷载下试样的高度，mm；

h_0——试样初始高度，20 mm。

（2）压缩比-加荷压强曲线绘制

以各级荷载下的压缩比为纵坐标，加荷压强为横坐标，绘制压缩比-加荷压强曲线。

九、注意事项和建议

（1）纸和塑料模拟试样需要调湿，便于压实处理。

（2）放入环刀内的试样必须用击实器击实，填满环刀，避免垃圾试样变形过快过大，造成较大误差。

（3）加荷载时，应按顺序加砝码，实验过程中避免震动压缩台，以免百分表指针产生移动，加荷载与卸荷载时应轻放砝码。

十、思考题

（1）什么是生活垃圾的压缩特性？试样的压缩特性指标包括哪些？这些指标之间有哪些区别和联系？

（2）纸和塑料的压缩比随加荷压强的增大，呈什么样的变形规律？如果要设计生活垃圾的压缩设备，压强取多少合适？为什么？

（3）纸和塑料的压缩特性有何区别？为什么？

（4）比较不同类型生活垃圾和不同容重生活垃圾的压缩比-加荷压强曲线，分析生活垃圾的压缩特性受哪些因素的影响？这些因素是如何影响垃圾压缩特性的？

十一、主要参考文献

［1］何品晶. 固体废物处理与资源化技术［M］. 北京：高等教育出版社，2011：22.

［2］中华人民共和国水利部. 土工试验方法标准：GB/T 50123—2019［S］. 北京：中国计划出版社，2019.

［3］高大钊. 土力学与基础工程［M］. 北京：中国建筑工业出版社，1998：94-95.

［4］李广信. 高等土力学［M］. 2 版. 北京：清华大学出版社，2016：289-294.

实验五　校园/居民小区生活垃圾组成与分类质量评估

（实验学时：4 学时；编写人：邵立明、何品晶；
编写单位：同济大学）

一、实验目的

（1）了解当地生活垃圾分类收集标准；

（2）了解当地校园（或居民小区）生活垃圾产量与组成及其时空变化、分类收运（或混合收运）体系和各类垃圾处理处置途径。

二、实验基本要求

（1）预习《固体废物处理与资源化技术》第三章中生活垃圾分类收集内容，调研当地生活垃圾分类收集标准；

（2）预习《固体废物处理与资源化技术》第三章，了解我国目前城市生活垃圾主流的收运体系和处理处置途径。

三、实验原理

《上海市生活垃圾管理条例》自 2019 年 7 月 1 日起执行，其他城市如北京、广州、杭州等也相继出台新的生活垃圾管理条例，标志着我国开始普遍推行强制生活垃圾分类。以上海为例，目前垃圾分为可回收物、有害垃圾、湿垃圾和干垃圾四类。可回收物，是指废纸张、废塑料、废玻璃制品、废金属、废织物等适宜回收、可循环利用的生活废弃物；有害垃圾，是指废电池、废灯管、废药品、废油漆及其容器等会对人体健康或者自然环境造成直接或者潜在危害的生活废弃物；湿垃圾，即厨余垃圾，是指食材废料、剩菜剩饭、过期食品、瓜皮果核、花卉绿植、中药药渣等易腐的生物质生活废弃物；干垃圾，即其他垃圾，是指除可回收物、有害垃圾、湿垃圾以外的其他生活废弃物（参考自《上海市生活垃圾管理条例》）。各地根据其经济社会发展水平、居民生产生活方式、生活垃圾特性和处置利用需要的不同，生活垃圾的具体分类标准也有所不同。

本实验旨在基于称重法，调查、分析当地校园（或居民小区）生活垃圾的产量、组成及其时空变化，并依照当地生活垃圾分类标准评估其分类质量。

四、课时安排

（1）理论课时安排：1 学时，介绍当地生活垃圾分类标准、我国目前城市生活垃圾主流的收运体系和处理处置途径、调查步骤和方法、主要仪器使用方法、数据处理要求、实验报告要求、注意事项等。

（2）实验课时安排：3 学时，包括：前期调研、实地取样分析（1 次或多次）和数据处理。

教师完成实验前后相关的准备工作及学生实验过程中的答疑工作。

五、实验材料

（1）个人防护用品：手套、口罩和实验服等，1 套/人；

（2）大号垃圾桶或垃圾袋：建议 60 cm×80 cm，10 个/组。

六、实验装置

便携手提秤或台秤：建议量程 10 kg，感量 1 g，2 台/组。

七、实验步骤和方法

（一）前期调研

选取某一产生生活垃圾的校园（或居民小区）场所，如一栋教学楼、宿舍楼、办公楼或居民楼。确认分类收集垃圾桶的布设位置、垃圾清运时间、人流量（或居住人数）等基本信息（可与物业联系确认）。根据所得信息，制定采样方案，确定采样时间和频次。

（二）实地采样、分析

实地采样后（1 次或多次），把分类收集垃圾样品带回特定场所或者实地分析（要求场所通风良好、避免异味）。首先，按照当地垃圾分类标准对采得的垃圾样品分类分拣。然后，对每类垃圾样品分别称重、记录，并了解各类垃圾的组成。最后清理实验场所，统计完成后的垃圾统一收集、分类投放至垃圾清运处。

八、实验结果整理和数据处理要求

（一）实验结果记录

该实验记录表（表 5-1）以上海市垃圾分类标准为例，实际可依据当地分类标准做相应调整。

表 5-1　实验记录表

生活垃圾类别		采样地点、采样时间 1		采样地点、采样时间 2	
		垃圾质量/kg	质量分数/%	垃圾质量/kg	质量分数/%
分类收集的可回收物	废纸张				
	废塑料				
	废玻璃制品				
	废金属				
	废织物				
	非可回收物				
分类收集的有害垃圾	废电池				
	废灯管				
	废药品				
	废油漆及其容器				
	非有害垃圾				
分类收集的湿垃圾	食材废料				
	剩菜剩饭				
	过期食品				
	瓜皮果核				
	花卉绿植				
	中药药渣				
	非湿垃圾				
分类收集的干垃圾	除可回收物、有害垃圾、湿垃圾以外的其他垃圾				

（二）实验数据处理

（1）计算垃圾人均每日产率（kg·d^{-1}·人$^{-1}$）；

（2）根据表 5-1（分类收集的某类垃圾中不属于该类垃圾的质量分数），评估该校园场所（或居民小区）各类垃圾的分类质量。

九、注意事项和建议

（1）实验中注意垃圾分拣场所的通风，避免异味；

（2）生活垃圾分拣时注意渗滤液的收集，避免污染实验场所。

十、思考题

（1）试说明该校园（或居民小区）垃圾分类收集和清运的方式。

（2）根据实验结果，生活垃圾中比重最大的是什么类别的垃圾？

（3）不同场所（如教学楼、居民楼）的生活垃圾组成有什么不同？

（4）对当地生活垃圾分类标准或管理措施提出改进建议。

十一、主要参考文献

［1］何品晶. 固体废物处理与资源化技术［M］. 北京：高等教育出版社，2011：51-55.

［2］上海市第十五届人民代表大会. 上海市生活垃圾管理条例［Z］. 上海市人民代表大会公告第 11 号，2019.

实验六　固体废物破碎和筛分

（实验学时：4 学时；编写人：崔广宇、章骅；

编写单位：同济大学）

一、实验目的

(1) 了解固体废物破碎和筛分的目的；

(2) 了解不同种类固体废物可破碎性的差异；

(3) 了解固体废物破碎设备和筛分设备；

(4) 掌握破碎和筛分设备的使用方法；

(5) 熟悉破碎和筛分的实验流程，掌握粒径分布和破碎比的计算方法。

二、实验基本要求

(1) 预习《固体废物处理与资源化技术》第四章相关内容；

(2) 预习旋转式破碎机和振动筛的结构及工作原理；

(3) 预习破碎和筛分的实验流程；

(4) 了解木材、秸秆、砖瓦等不同类型固体废物破碎性的差异；

(5) 预习粒径分布、破碎比的概念及测试方法。

三、实验原理

固体废物的破碎是指，通过机械或人力等外力作用，克服固体废物的结构强度，使大块固体废物分裂成小块（颗粒）的过程；实质是机械能等外加能量提高固体废物表面能的转化过程。固体废物破碎的主要影响因素是废物的强度和硬度、机械能的作用方式和大小。

固体废物的筛分是指，利用多孔筛使物料中小于筛孔的细颗粒物料通过筛面，而大于筛孔的粗颗粒物料留在筛面上，从而完成粗细颗粒分离的过程。固体废物筛分的主要影响因素是入筛物料性质、筛分设备的运动形式和筛面结构。常用的筛分设备为振动筛和滚筒筛；实验室常采用的筛分设备是振动筛，其振动结构如图 6-1 所示。

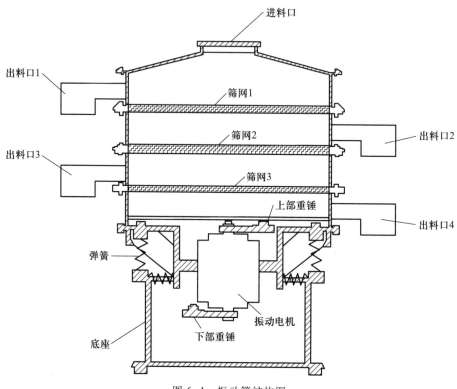

图 6-1 振动筛结构图

　　破碎的效果可通过破碎前后固体废物的粒径（也称粒度）分布和破碎比来表征，这两个指标的测量方法均需通过对破碎产物的筛分完成。粒径分布表示固体颗粒中不同粒径颗粒的含量分布情况。破碎比表示废物粒度（粒径）在破碎过程中减少的倍数，也即表征固体废物被破碎的程度。破碎比的计算方法有两种：最大粒度法和平均粒度法。前者是通过固体废物破碎前与破碎后的最大粒度的比值来表示破碎比，最大粒度测定相对简单，用该方法获得的破碎比也称为极限破碎比，常用于工程设计中。后者是用固体废物破碎前与其破碎后的平均粒度的比值来表示破碎比。平均粒度的测定以粒径分布测试为基础，方法相对复杂，但是该方法能够较全面地反映破碎程度，因此破碎理论和工程研究常采用此法。平均粒度（粒径）可以累计粒径分布百分数达到 50% 所对应的粒径（中位粒径）表示，见式（6-1）（本实验采用此表示方法），也可以用加权平均粒径表示［参见实验七中式（7-1）］。

$$i = \frac{D_{cp}}{d_{cp}} \tag{6-1}$$

式中：i——固体废物破碎比；

　　　D_{cp}——固体废物破碎前的平均粒度，mm；

　　　d_{cp}——固体废物破碎后的平均粒度，mm。

另外，为保证破碎效果，固体废物可采用多级破碎和破碎与筛分组合的工艺方法。多级破碎属串联工艺，固体废物依次通过多个破碎机处理；破碎与筛分组合工艺，是将破碎机出料筛分后的筛上物进行再次破碎，直至全部或达到要求比例的物料过筛后终止。

四、课时安排

（1）理论课时安排：1 学时。现场结合旋转式破碎机和振动筛分机，讲授固体废物的进料、破碎、筛分操作过程，介绍在实际应用过程中的关键点。

（2）实验课时安排：3 学时。开展粒径分布测试、一次长时间破碎与两阶段破碎实验。课后整理实验数据。

实验按组协作完成，每组 3~4 名学生为宜。

五、实验材料

（1）选择强度、韧性等破碎特性有差异的、足够量的、易获得的 2~3 种固体废物，如秸秆、木块、砖瓦等，实验前将其预破碎成为有一定颗粒级配的物料，500 g/组；

（2）旋转式破碎机和振动筛分机的保洁工具：1 套/组。

六、实验装置

（1）旋转式破碎机：如料理机 1 台；

（2）振动筛分机：配套 1 组方孔筛，含规格 0.15 mm、0.3 mm、0.6 mm、1 mm、2 mm、5 mm 及 10 mm 的筛子各 1 个，并附有筛底和筛盖；

（3）电热恒温鼓风干燥箱：工作温度为室温 +10~250 ℃，控温精度为 ±1 ℃；

（4）电子天平：量程 1 000 g，感量 0.01 g。

七、实验步骤和方法

选择 2~3 种不同韧性和强度的固体废物物料开展破碎和筛分实验，实验基本流程如图 6-2 所示。

（一）原始物料粒径分布测试

（1）将方孔筛自下往上按筛底 0.15 mm、0.3 mm、0.6 mm、1 mm、2 mm、5 mm 及 10 mm 依次堆叠；

（2）将某组 500 g 左右的物料倒入第一级（10 mm）方孔筛，盖上筛盖；

（3）将整套方孔筛放入振动筛分机，紧固后开启振动筛分机，筛分 15 min；

（4）分别收集每个筛子里的颗粒物，用电子天平称重并记录质量。

（二）一次长时间破碎与两阶段破碎实验

（1）将上述称重后的颗粒物混合均匀，分为 2 份等量物料，分别称重（精确至 1 g）；

（2）2 份物料分别进行破碎实验Ⅰ和实验Ⅱ，实验Ⅰ为较长时间的一次性破碎（具体时间可根据物料耐破碎性和破碎机性能，通过预实验确定）；实验Ⅱ为较短时间的两阶段破碎，每段破碎时间为实验Ⅰ的 1/2，两阶段破碎间用 2 mm 的筛子对物料进行筛分，仅对筛上物进行第二段破碎；

（3）参照步骤（一），对破碎实验Ⅰ和实验Ⅱ破碎的产物进行粒径分布测试。

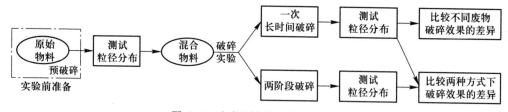

图 6-2　破碎及筛分实验基本流程

八、实验结果整理和数据处理要求

（一）实验结果记录

将实验结果记录于表 6-1。

表 6-1　固体废物破碎粒径分布实验

物料类型：_____；一次长时间破碎时间：____min；两阶段破碎单段时间：____min

物料粒径/mm	破碎前		一次长时间破碎后		两阶段破碎后	
	物料质量/g	质量分数/%	物料质量/g	质量分数/%	物料质量/g	质量分数/%
≥10						
5~10						

续表

物料粒径/mm	破碎前		一次长时间破碎后		两阶段破碎后	
	物料质量/g	质量分数/%	物料质量/g	质量分数/%	物料质量/g	质量分数/%
2~5						
1~2						
0.6~1						
0.3~0.6						
0.15~0.3						
0~0.15						

（二）数据处理要求

绘制粒径分布图（质量-粒径），获得物料平均粒度；按照式（6-1），计算不同类型固体废物的破碎比并比较在同样破碎条件下不同类型固体废物破碎效果的差异；相同破碎时间条件下，比较一次长时间破碎和两阶段破碎效果的差异。

九、注意事项和建议

（1）启动破碎设备前需仔细检查破碎机是否处于安全工作状态；

（2）实验过程中应佩戴个人防护用品，如防尘口罩等。

十、思考题

（1）试列举可能影响固体废物破碎效果的各种因素。

（2）为什么要在试样干燥后再进行破碎筛分？

（3）试分析影响筛分效率的因素。

（4）筛分实验所需物料量对筛分效果是否有影响？适合的筛分物料量如何确定？

十一、主要参考文献

何品晶. 固体废物处理与资源化技术［M］. 北京：高等教育出版社，2011：97-104，114-118.

实验七　复合材料类固体废物破碎和筛分

（实验学时：4 学时；编写人：詹路、许振明；

编写单位：上海交通大学）

一、实验目的

（1）掌握破碎和筛分技术在复合材料类固体废物处理中的应用；

（2）了解不同类型破碎机的刀头特征与破碎效果之间的相互关联；

（3）了解以废旧电路板为代表的复合材料类固体废物的破碎解离特性。

二、实验基本要求

（1）预习《固体废物处理与资源化技术》第四章，了解固体废物的破碎和筛分原理；

（2）预习不同种类的破碎方式及技术特点；

（3）预习废旧电路板等复合材料类固体废物的结构组成。

三、实验原理

剪切式破碎机利用固定刀刃与活动刀刃之间的挤压与剪切作用，完成固体废物的破碎过程，如图 7-1（a）所示。破碎后小于筛孔尺寸的物料通过筛板由破碎机底部排出。

冲击式破碎机（锤式破碎机）的主要工作部件为带有锤头的转子，如图 7-1（b）所示。物料自上部进料口入机内，受高速运动锤头的打击、冲击、剪切、研磨作用而破碎。转子下部设有筛板，破碎物料中小于筛孔尺寸的粒级通过筛板排出，大于筛孔尺寸的粗粒级阻留在筛板上，继续受到锤头的打击和研磨，最后通过筛板排出机外。此破碎机对物料破碎的方式主要有如下形式：

（1）高速旋转的锤头对物料实施的冲击破碎作用及磨削作用；

（2）颗粒与衬板间的高速碰撞破碎作用；

（3）颗粒间的碰撞破碎作用。

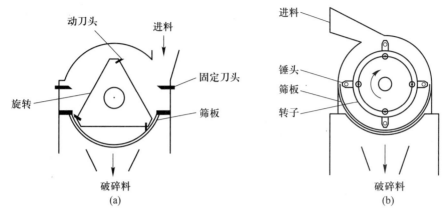

图 7-1　破碎机结构示意图

（a）剪切式破碎机；（b）冲击式破碎机

筛分：利用装有一套不同标准孔径筛的振动筛分机对破碎后物料（筛下物）进行分级，分为 1~8 级（4~10 mm、2~4 mm、1.18~2 mm、0.85~1.18 mm、0.425~0.85 mm、0.180~0.425 mm、0.106~0.180 mm、<0.106 mm），分级后分析各粒级物料的粒度、形状、解离度等。破碎物料的平均粒径按式（7-1）计算。

$$D = \frac{\sum d_i \times m_i}{\sum m_i} \qquad (7-1)$$

式中：i——粒径分级级别，$i=1, 2, 3, \cdots, 8$；

　　　D——一次破碎的平均粒径，mm；

　　　d_i——i级颗粒的平均粒径，mm；

　　　m_i——i级颗粒质量，g。

四、课时安排

（1）理论课时安排：1 学时，现场结合剪切式破碎机、锤式破碎机、振动筛分机，讲授固体废物的进料、破碎、筛分操作过程，介绍在实际应用过程中的关键点。

（2）实验时间安排：3 学时。课后整理和分析实验数据。

五、实验材料

（一）原材料

单层废旧电路板（无电子器件）（图 7-2）：500 g/组。

图 7-2 单层废旧电路板（无电子器件）

（二）器皿

（1）标准孔径筛：1 套/组（10 mm、4 mm、2 mm、1.18 mm、0.85 mm、0.425 mm、0.180 mm、0.106 mm）；

（2）30 cm 直尺：1 根/组。

六、实验装置

（1）电子天平：量程 500 g，感量 0.1 g；

（2）剪切式破碎机：功率 3 kW，筛板孔径 0.1 mm；

（3）锤式破碎机：功率 3 kW，筛板孔径 0.1 mm；

（4）8411 型振动筛分机：1 400 r·min^{-1}；

（5）光学显微镜：目镜 10 倍，物镜 4 倍。

七、实验步骤和方法

（1）样品称量和尺寸测量：以单层废旧电路板（无电子器件）作为复合材料类固体废物代表性样品，用电子天平称量破碎前物料质量，用直尺测量其尺寸，记录相应数据。

（2）样品破碎：分组采用剪切式破碎机、锤式破碎机，分别破碎 50~80 g

同等规格的废旧电路板，调整破碎时间（10 min、20 min、30 min），分别收集并称量破碎物料，计算损失率。

（3）破碎料筛分：用振动筛分机分别筛分不同破碎时间得到的破碎物料，持续 10 min，确保筛分完全，分别称量各级筛上物和最后一级筛下物，绘制粒径分布曲线。

（4）破碎物料观测：用光学显微镜观察不同粒径的破碎物料，判断金属和非金属的剥离程度，观察并拍摄金属和非金属破碎物料的形貌，结合破碎机类型、破碎时间，描述复合材料类固体废物的破碎规律。

八、实验结果整理和数据处理要求

（一）实验结果记录

将实验结果分别记录于表 7-1 和表 7-2。

表 7-1　破碎实验记录表

样品名称	剪切破碎			锤式破碎		
	10 min	20 min	30 min	10 min	20 min	30 min
原始物料质量/g						
破碎后物料质量/g						
物料损失率/%						
筛分物料 1/g						
筛分物料 2/g						
筛分物料 3/g						
筛分物料 4/g						
筛分物料 5/g						
筛分物料 6/g						
筛分物料 7/g						
筛分物料 8/g						

表 7-2　物料尺寸和形貌记录表

样品名称	样品尺寸/mm	样品形貌（照片）
原始物料		
剪切破碎物料	4~10	
	2~4	
	1.18~2	
	0.85~1.18	
	0.425~0.85	
	0.180~0.425	
	0.106~0.180	
	<0.106	
锤式破碎物料	4~10	
	2~4	
	1.18~2	
	0.85~1.18	
	0.425~0.85	
	0.180~0.425	
	0.106~0.180	
	<0.106	

（二）实验数据处理

（1）绘制不同破碎方式和不同破碎时间获得的破碎物料的粒径分布曲线；

（2）计算破碎物料的平均粒径；

（3）筛选能真实反映各物料尺寸、形貌的清晰图片。

九、注意事项和建议

（1）每次破碎实验前检查破碎机的工作情况，包括清理残留物料，确认破碎机安放平稳牢固、刀头卡紧、进料仓无异常、所有紧固件锁死，然后接通电源；

（2）每次筛分实验前检查振动筛分机的工作情况，包括筛网无堵塞，盖板、接盘和各级筛网放置顺序正确、安放平稳牢固、紧固件锁死，然后接通电源；

（3）每次破碎及筛分重新开始前，切记不可提前打开紧固件，等破碎机、振动筛分机完全停止后方可取料。

十、思考题

（1）对于电路板为代表的复合材料类固体废物，破碎的作用是什么？

（2）剪切式破碎机与锤式破碎机，对废旧电路板的破碎效果有何异同？哪一种更适合，原因是什么？

（3）假设破碎物料含有电子器件，该如何破碎？试给出破碎方案。

十一、主要参考文献

［1］何品晶. 固体废物处理与资源化技术［M］. 北京：高等教育出版社，2011：114-118.

［2］李佳. 废旧印刷电路板的破碎和高压静电分离研究［D］. 上海：上海交通大学，2007：43-44.

实验八　固体废物高压静电分选

（实验学时：4 学时；编写人：詹路、许振明；

编写单位：上海交通大学）

一、实验目的

（1）掌握高压静电分选的技术特点及其应用范围；

（2）了解高压静电分选机内部结构及影响分选效率的关键运行参数。

二、实验基本要求

（1）预习《固体废物处理与资源化技术》第四章电力分选内容，了解固体废物电力分选的种类，明确高压静电分选与涡电流分选的异同点；

（2）预习固体废物高压静电分选的技术原理。

三、实验原理

高压静电分选机通常由电晕电极、静电极和转辊电极组成，如图 8-1 所示。其中，电晕电极和静电极连接高压电源，转辊电极接地。当高压直流电通至电晕电极和静电极后，电晕电极将周围空气电离并释放出大量电荷。在通常情况下，辊式静电分选机施加高压负电流，大量负电荷飞向转辊（接地正极）方向，形成一个离子化区域；与此同时，在电晕-静电联合电极和接地转辊电极间产生静电场。

分选时，破碎的电子废物颗粒混合物以一定的速率由电磁振动器进料，平铺在转辊电极表面，并随其转动。颗粒混合物随转辊电极进入电晕电极形成的离子化区域后，导体（金属）和非导体（非金属）颗粒均荷电。由于颗粒导电性的差异，介电性能较差的导体颗粒所获得的负电荷，很快就通过接地转辊电极传走；与此同时，导体颗粒又受到偏极所产生静电场的感应作用，靠近偏极的一端感应出正电荷，远离偏极的另一端感应出负电荷，负电荷又迅速地由转辊电极传走，只剩下正电荷。而介电性能较好的非导体颗粒，其获得的负电荷很难通过转辊电极传走。当荷电过程完成以后，导体颗粒和非导体颗粒在电晕-静电联合电极产生的静电场作用下表现出不同的运动方式。导体颗粒由于带正电荷，而静电极带负电荷，因此导体颗粒受到静电力的作用而被静电极吸引。与此同时，导体颗粒还受到随转辊电极运动的离心力和自身重力切向分力的作用，在这三个力的作用下，导体颗粒以一定角度从转辊电极表面脱离。脱离后的导体颗粒受到重力、静电力和空气阻力的作用，沿一定的轨迹落入导体产物收集区。非导体颗粒则被紧紧地吸在转辊电极表面并随之一起转动，带到转辊电极后方，最后由毛刷清除，落入非导体产物收集区。由于各种原因而无法正常进入导体或非导体产物收集区的颗粒，则进入中间体收集区。

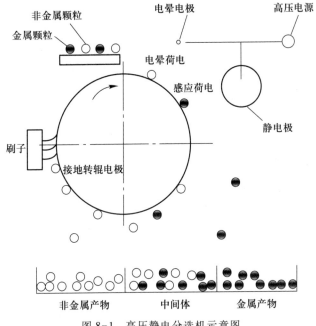

图 8-1　高压静电分选机示意图

四、课时安排

（1）理论课时安排：1 学时，现场结合高压静电分选机，讲授固体废物的高压静电分选过程，介绍在实际应用过程中的关键点。

（2）实验时间安排：3 学时。课后整理和分析实验数据。

五、实验材料

（1）铜与非金属颗粒混合物：500 g/组。

（2）实验使用物料来自废旧电路板破碎筛分后得到的粒径为 0.30 ~

0.45 mm 的金属与非金属颗粒,如图 8-2 所示,也可自行采购,但需满足一定的尺寸规格:0.30~0.45 mm。

(a)

(b)

图 8-2　金属与非金属颗粒实验原料（0.30~0.45 mm）

（a）铜颗粒；（b）树脂基板颗粒

六、实验装置

（1）电子天平:量程 500 g,感量 0.1 g;

（2）高压静电分选机:供电系统最高电压 50 kV,振动给料,转辊电极转速可调（10~1 000 r · min^{-1}）;

（3）数控激光转速计:光电式,有效检测距离 50~250 mm,转速 2.5~999 r · min^{-1}。

七、实验步骤和方法

（一）实验原料配料

针对不同的小组,分别按照 1:1、1:2、1:3 的比例称取铜颗粒和非金属颗粒,将其混合均匀,总量不超过 500 g。

（二）高压静电分选

分别通过调节电压（10 kV、15 kV、20 kV、25 kV、30 kV）和转辊转速（40 r · min^{-1}、50 r · min^{-1}、60 r · min^{-1}、70 r · min^{-1}、80 r · min^{-1}）,考察其对铜颗粒和非金属颗粒的分选效果。具体步骤如下:接通高压静电分选机电源,调整好电极位置,检查转辊旋转方向（顺时针旋转）,调整转辊转速,接通高压电源,加压至某值并保持恒定,打开震动电机,开始加料,物料进入高压静电分选阶段，该次实验完毕，依次关闭震动电机、高压电源、转辊，对高压静电分选机放电，关闭总电源。取出收集料槽中的物料，用电子天平称重。然后将收集的物料混合，开始下次实验。

八、实验结果整理和数据处理要求

（一）实验结果记录

将实验结果记录于表 8-1 和表 8-2。

表 8-1　实验记录表 1（固定转辊转速 50 r·min⁻¹）

电压/kV	10	15	20	25	30
金属收集料斗/g					
非金属收集料斗/g					
中间体收集料斗/g					

表 8-2　实验记录表 2（固定电压 20 kV）

转辊转速/(r·min⁻¹)	40	50	60	70	80
金属收集料斗/g					
非金属收集料斗/g					
中间体收集料斗/g					

（二）实验数据处理

（1）计算铜颗粒和非金属颗粒的分选效率；

（2）分别绘制电压、转辊转速与铜颗粒和非金属颗粒分选效率之间的关系曲线。

九、注意事项和建议

（1）高压静电分选实验前，检查高压静电分选机的工作情况，检查接地状态，检查高压电源设备接线；

（2）每批次高压静电分选实验重新开始前，重复注意事项（1），并确认收集区无剩余物料。

十、思考题

（1）高压静电分选效果的主要影响因素是什么？

（2）根据实验结果，试分析该如何进一步提高高压静电分选效率？

（3）假设物料中含有半导体物质，该如何分选？试给出分选方案。

十一、主要参考文献

［1］何品晶. 固体废物处理与资源化技术［M］. 北京：高等教育出版社，2011：110-111.

［2］路洪洲. 破碎废弃印刷电路板的高压静电分选［D］. 上海：上海交通大学，2007：35-37.

［3］吴江. 破碎废旧电路板高压静电分选的理论模型与优化设计［D］. 上海：上海交通大学，2009：41-43.

实验九　固体废物涡电流分选

（实验学时：4 学时；编写人：詹路、许振明；
编写单位：上海交通大学）

一、实验目的

（1）掌握涡电流分选原理及涡电流分选技术的应用范围；
（2）了解涡电流分选机内部结构及影响分选效率的关键运行参数。

二、实验基本要求

（1）预习《固体废物处理与资源化技术》第四章电力分选内容，预习固体废物预处理过程中涡电流分选的技术特点；
（2）预习涡电流分选机与磁选机的异同点，明确涡电流概念。

三、实验原理

涡电流分选是利用涡电流力分离金属和非金属的方法。导体在高频交变磁场中产生感应涡电流，涡电流使导体颗粒周围产生一个与外界磁场方向时刻相反的感应磁场，有色金属（如铜、铝等）会因为磁场的排斥力作用而沿其输送方向向前飞跃，而非金属不受磁场作用，如图 9-1 所示，从而实现有色金属与其他非金属的分离。

涡电流分选机是根据颗粒电性的差异实现分选的设备，该法主要适用于轻金属材料与比重相近的塑料材料（如铜、铝和塑料）之间的分离，且要求进料颗粒的形状规则、平整，粒度不能太小。如果金属导体粒度太小，导体内部产生的涡电流过小，不足以使金属受到足够大的排斥力作用，那么金属与非金属就不能有效分离。

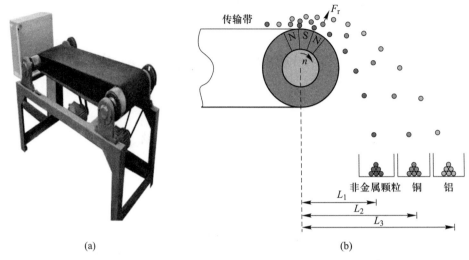

(a)　　　　　　　　　　　　　　　(b)

图9-1　带有交替磁场的辊筒涡电流分选机及实验设计原理

（a）辊筒涡电流分选机；（b）实验设计原理

四、课时安排

（1）理论课时安排：1学时，现场结合涡电流分选机，讲授固体废物的涡电流分选过程，介绍在实际应用过程中的关键点。

（2）实验课时安排：3学时。课后整理和分析实验数据。

五、实验材料

（一）原材料

铜、铝、塑料混合物：500 g/组。

实验物料取自废弃硒鼓、报废冰箱箱体产生的铝片、铜片和塑料，如图9-2所示，也可自行采购铜、铝和塑料纯组分，但需满足10~15 mm的尺寸规格。

图9-2　铜片、铝片、塑料混合物

（二）器皿

直尺：量程 10 cm、50 cm 各 1 把/组。

六、实验装置

（1）电子天平：量程 500 g，感量 0.1 g；

（2）涡电流分选机：功率 3 kW；

（3）数控激光转速计：光电式，有效检测距离 50~250 mm，转速 2.5~999 r·min^{-1}。

七、实验步骤和方法

（一）实验原料配料

为准确计算各物料的分选效率，针对不同的小组，按照一定质量比例（1:1:0，1:0:1，0:1:1）分别称取铜片颗粒、铝片颗粒、塑料颗粒，进行混合配料，总量不超过 500 g。采用的物料粒径大小不一，形状不同，在涡电流分选前，记录相应数据。

（二）物料涡电流分选

涡电流分选机如图 9-1 所示，先开启涡电流分选机，用数控激光转速计调整不同的输送带喂料转速、磁辊转速条件，再将自行配置的混合料（200~500 g）放置于输送带上，分别在每批次实验结束后，测量铜片颗粒、铝片颗粒与塑料颗粒在水平方向的落地距离。然后将铜片颗粒、铝片颗粒与塑料颗粒混合，开始下次实验。

八、实验结果整理和数据处理要求

（一）实验结果记录

分别将固定磁辊转速和固定喂料转速的实验结果填入表 9-1 和表 9-2。

表 9-1　实验记录表 1（固定磁辊转速 800 r·min^{-1}）

喂料转速/(r·min^{-1})	10	20	30	40	50
铜片颗粒落地位置/cm					
铝片颗粒落地位置/cm					
塑料颗粒落地位置/cm					

表 9-2　实验记录表 2（固定喂料转速 40 r · min⁻¹）

磁辊转速/(r · min⁻¹)	200	400	600	800	1 000
铜片颗粒落地位置/cm					
铝片颗粒落地位置/cm					
塑料颗粒落地位置/cm					

（二）实验数据处理

（1）计算分选物料水平落地距离的平均值和标准偏差；

（2）分别绘制喂料转速、磁辊转速与铜片颗粒、铝片颗粒、塑料颗粒三者水平落地距离之间的关系曲线，分析铜片颗粒、铝片颗粒、塑料颗粒的水平落地距离与分选效率的关系。

九、注意事项和建议

（1）涡电流分选实验前，检查涡电流分选机的工作情况，包括清理残留物料和周边的铁磁性物质；

（2）每次涡电流分选实验重新开始前，切记要等皮带及转辊完全停止后方可放料，开机运转。

十、思考题

（1）查阅相关文献，结合实验结果，分析不同形状的铜片颗粒、铝片颗粒、塑料颗粒落地距离是否存在相同规律？

（2）涡电流分选效果的主要影响因素是什么？如何进一步提高涡电流分选效率？

（3）假设破碎物料含有铁磁性物质，该如何分选？试给出分选方案。

十一、主要参考文献

［1］何品晶. 固体废物处理与资源化技术［M］. 北京：高等教育出版社，2011：110-111.

［2］阮菊俊. 破碎废弃硒鼓、废旧冰箱箱体的涡流分选及工程应用［D］. 上海：上海交通大学，2012：31-32.

实验十 生物质好氧降解过程 耗氧速率测定

（实验学时：4 学时；编写人：吕凡、何品晶；

编写单位：同济大学）

一、实验目的

（1）掌握堆肥过程基本原理和影响因素；

（2）掌握耗氧速率的物理意义及其在堆肥工艺控制和堆肥产物质量控制方面的作用；

（3）掌握耗氧速率的测定方法和计算方法；

（4）掌握在测定过程中影响耗氧速率的因素和控制方法；

（5）了解不同类型生物质废物生物可降解性的差异；

（6）了解新鲜易降解生物质废物的生物稳定性水平。

二、实验基本要求

（1）预习《固体废物处理与资源化技术》第五章相关内容，掌握堆肥过程基本原理和影响因素知识点；

（2）预习堆肥产物质量评价指标体系知识点；

（3）预习堆肥物料依据含水率和有机物含量配比至目标值的计算方法；

（4）预习堆肥过程物料最优含水率和最优有机物含量的范围；

（5）预习固体废物的含水率和有机物含量的测定方法。

三、实验原理

生物质废物好氧降解过程，通常也称为堆肥过程，是指生物质废物中的有机物在有氧存在的条件下被微生物降解，转化为 CO_2 和 H_2O 的降解过程。

耗氧速率，是指有机物在好氧微生物的作用下，单位质量的有机物在单位时间内降解消耗的氧气质量，以 $mg(O_2) \cdot g(VS)^{-1} \cdot h^{-1}$ 计。其中，VS 为生物质废物挥发性固体（volatile solid）含量的简称，代表有机物的含量。耗氧速率的测定方法为：在特定环境温度及好氧微生物存在的条件下，测定不同连续时间点时密闭反应器内物料上方空间中的氧气含量。

耗氧速率数值越高，表明有机物越容易被好氧微生物利用，或者好氧微生物的生物活力越强。影响有机物生物可降解性的主要因素是有机物的生物化学组成。各类生物化学组分在 37 ℃时的一级反应动力学好氧降解速率常数 k_T（单位：d^{-1}）分别是：糖 0.039 5、脂肪 0.098 1、蛋白质 0.081 6、半纤维素 0.032 7、纤维素 0.016 6、木质素 0.017 1、腐殖质<0.001。因此，以糖、脂肪、蛋白质等为主要成分的果蔬垃圾、食品垃圾属于易生物降解的生物质废物，而以纤维素、半纤维素、木质素为主要成分的园林废物、秸秆属于难生物降解的生物质废物，其耗氧速率数值小于前者。随着堆肥过程进行，糖、脂肪、蛋白质、半纤维素等易生物降解有机物量减少，腐殖质逐渐生成，导致堆肥物料的有机物生物可降解性降低，其耗氧速率数值相应下降。因此，耗氧速率指标可以用于评价生物质废物的生物可降解性，或者用于评价堆肥产物的稳定程度，即生物稳定性。生物稳定性指生物质废物在特定环境下不再被微生物降解而趋于稳定的程度。生物稳定性最常用的评价指标是"四日好氧呼吸量"，即连续测定 96 h，耗氧速率×96 h，得到以 $mg(O_2) \cdot g(VS)^{-1}$ 为单位的数值。通常只有四日好氧呼吸量数值低于 7~10 $mg(O_2) \cdot g(VS)^{-1}$ 的物料才可视为生物稳定。

影响好氧微生物生物活力的主要因素是微生物类别、微生物量、温度、氧气浓度、含水率、pH。耗氧速率测定过程的主要影响因素是温度、氧气浓度、含水率。各类生物化学组分在 50 ℃时的一级反应动力学好氧降解速率常数 k_T（单位：d^{-1}）相应增加：糖 0.070 7、脂肪 0.121 4、蛋白质 0.103 4、半纤维素 0.041 5、纤维素 0.027 8、木质素 0.035 5、腐殖质<0.001。因此，温度上升一定范围会提高耗氧速率数值。氧气浓度由 21%（V/V）降至 10%（V/V）和 5%（V/V）时，k_T 大致下降 15%和 30%。因此，氧气浓度下降时耗氧速率数值相应降低。微生物生长需要一定的水分，因此，耗氧速率测定过程中应控制适宜的物料含水率。

四、课时安排

（1）理论课时安排：1 学时，其中，讲授耗氧速率的物理意义、在生物质废物好氧降解过程控制中的作用、影响因素等内容需 0.4 学时；讲授耗氧速率测定方法、测定步骤、主要仪器使用方法、数据处理要求、实验报告要求、注意事项需 0.6 学时。

（2）实验课时安排：3学时。其中，学生调试仪器、掌握主要仪器使用方法、搭建反应装置等内容25 min；计算物料配比、称量物料、测试第1类待测物料的耗氧速率等内容40 min；清洗反应容器，重新装填物料，测定第2类和第3类待测物料的耗氧速率等内容各30 min；清理实验台10 min。

助教辅助主讲教师完成实验前后相关的准备整理工作及学生实验过程中的答疑工作。

五、实验材料

（一）实验物料

（1）待测物料：根据当地的季节、可获得情况，至少准备三种生物可降解性不同的新鲜果蔬垃圾或集贸市场垃圾（如：橘子皮、西瓜皮、菠萝皮、香蕉皮、茭白壳等），每种10~100 g/组；

（2）好氧菌剂：高效菌液、菌粉或新鲜堆肥，10 g/组；

（3）填充辅料：纸屑、木屑或秸秆（破碎至直径、长、宽等均小于2 cm），0~200 g/组；

教师应预先测定填充辅料和各待测物料的含水率、有机物含量和容重，并告知学生。

（二）试剂

蒸馏水或自来水。

（三）器皿

（1）1~2 L抽滤瓶：1个/组，具上下嘴及上口橡胶塞，见图10-1；

（2）1 L烧杯：1个/组；

（3）250 mL烧杯：1个/组；

（4）茶勺：1个/组；

（5）搅拌棒：1支/组；

（6）0.4~0.6 m长的蠕动泵专用硅胶管：2根/组；

（7）50 mL塑料针筒：1个/组。

六、实验装置

（1）测氧仪：能测定大气中的氧气浓度，量程0~25%（V/V），精度±0.1%（V/V）；

（2）电子天平：量程1 000 g；感量0.01 g；

（3）蠕动泵：20~30 r·min^{-1}；

（4）计时器，也可以用手机的计时功能。

七、实验步骤和方法

（一）校准测氧仪

确定测氧仪气体进出口；打开测氧仪开关；用 50 mL 针筒抽取 50 mL 空气打入测氧仪，重复 3 次，读取仪表上显示的空气中氧气浓度；如果显示数值不是 21%，调节校准旋钮使仪表显示数值为 21%，继续测定空气中氧气浓度，若此时读数为 21%，则校准结束，否则继续校准。

（二）计算物料使用量

根据教师提供的各物料含水率、有机物含量数值和容重，分别计算填充辅料的质量 $m_{填充辅料}$ 和待测物料的质量 $m_{待测物料}$，以及外加水添加量 $m_{水}$，使混合物料的含水率最终控制在 40%～70%，混合物料体积一般为抽滤瓶体积的 1/3～2/3，待测物料有机物量不低于 5 g。

（三）称量并混合物料

按步骤（二）中计算的数值分别用 250 mL 烧杯和茶勺称取填充辅料、待测物料、好氧菌剂和水，并记录最终称量值。将称取的物料在 1 L 烧杯中用茶勺混合均匀后倒入抽滤瓶中，塞紧橡胶塞，按图 10-1 用连接管 4 连接抽滤瓶和蠕动泵。

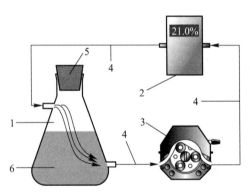

1. 抽滤瓶；2. 测氧仪；3. 蠕动泵；4. 连接管；5. 橡胶塞；6. 混合物料

图 10-1　实验装置图

（四）通风

打开蠕动泵开关，负压通风 5 min 后关闭蠕动泵开关。

（五）耗氧速率测定

通风完成后迅速按图 10-1 连接好全套实验装置，打开测氧仪和蠕动泵开关，开始计时读取测氧仪上显示的氧气浓度数值，每 1～2 min 读取 1 次读数，一共进行 15～30 min，约记录 15 个数据点。

（六）不同物料耗氧速率差异对比

清空抽滤瓶，选取不同种类的待测物料，重复步骤（一）到（五），共进行 3 组实验，对比不同种类待测物料生物降解时的耗氧速率差异，即生物可降解性差异。

（七）清洗实验仪器

将混合物料倾倒入垃圾桶，关闭测氧仪和蠕动泵电源，整理和清洗实验仪器、实验台面。

八、实验结果整理和数据处理要求

（一）实验数据记录表

物料数据记录表如表 10-1 所示，氧气浓度（%V/V）记录表如表 10-2 所示。

表 10-1　物料数据记录表

| 实验组数 | 物料 | | | | $m_{待测物料}$/g | $m_{填充辅料}$/g | $m_{水}$/g | 混合物料含水率/% | 待测物料有机物量/g |
	种类	含水率/%	VS(干基)/%	容重/(kg·m⁻³)					
—	填充辅料				—	—	—	—	—
—	好氧菌剂				—	—	—	—	—
1									
2									
3									

表 10-2　氧气浓度（%V/V）记录表

| 实验组数 | 时间/min | | | | | | | | | | | | | | | |
	0	1	2	3	4	5	6	7	8	9	10	11	12	13	14	15
1																
2																
3																

（二）实验数据处理

（1）按图 10-2（a）绘制每一次循环（15~30 min）氧气浓度随时间变化的散点图。

（2）按图 10-2（b）绘制每一次循环的斜率线，计算耗氧速率 $\alpha_{待测物料}$，单位为% · min⁻¹。

（3）根据抽滤瓶顶部空间体积，以及混合物料的空隙体积（假设空隙度为 0.5），忽略连接管管路体积，计算每一次循环以 mg（O₂）· g（VS）⁻¹ · h⁻¹ 单位计的耗氧速率 $\beta_{待测物料}$。

（4）以耗氧速率 $\beta_{待测物料}$ 比较不同组之间生物质废物的生物可降解性差异。

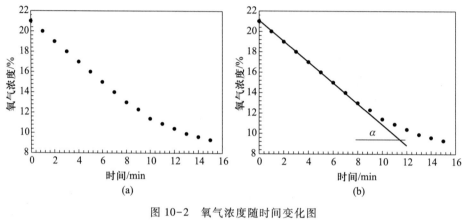

图 10-2　氧气浓度随时间变化图

（a）氧气浓度散点图；（b）斜率线图

九、注意事项和建议

（1）各种型号测氧仪的操作方法、特点不同，使用前应详细阅读仪器说明书；

（2）确保实验装置密闭，应仔细检查气体连接管路和橡胶塞的气密性；

（3）实验过程中不需要读取氧气浓度时可以暂时断开与测氧仪的连接，以延长测氧仪的使用寿命；

（4）注意蠕动泵输送气体的方向；

（5）若图 10-2（b）中散点在测定前期即出现弯曲（如：少于 5 个点），则应终止实验，重新计算和调配物料量，重新测定；

（6）本实验可根据实验条件进行适当的变化，让学生掌握相应的生物质好氧降解过程专业知识点，比如通过改变反应温度、待测物料种类（如：新鲜物料和腐熟堆肥）、物料装填量、好氧菌剂量、好氧菌剂类型，评估温度、腐熟度、氧气量、微生物量、微生物类型等因素对耗氧速率的影响，进而评估对生物质好氧降解过程的影响。

十、思考题

（1）填充辅料、蒸馏水、好氧菌剂在本实验中所起的作用分别是什么？

（2）影响最终堆肥产物的因素有哪些？试简要解释。

（3）解释图 10-2（b）中曲线末端出现弯曲的原因。为避免图 10-2（b）在 20 min 中内出现末端弯曲现象，请计算放入抽滤瓶中的易生物降解有机物量的最高数值。

（4）若测定时的反应温度由室温升至 50 ℃，则耗氧速率数值会变为室温时的几倍？

（5）若要达到"四日好氧呼吸量"低于 $10\ mg(O_2)\cdot g(VS)^{-1}$ 的要求，则待测物料中易生物降解组分（以葡萄糖计）占总有机物的比例不应超过百分之几？

（6）简述生物稳定性低的生物质废物在贮存和土地利用时会出现的问题。

十一、主要参考文献

［1］何品晶. 固体废物处理与资源化技术［M］. 北京：高等教育出版社，2011：143-174.

［2］上海市市场监督管理局. 湿垃圾处理残余物的生物稳定性评价方法：DB 31/T 1203—2020［S］. 北京：中国标准出版社，2021.

［3］Lü F, Shao L M, Zhang H, et al. Application of advanced techniques for the assessment of bio-stability of biowaste-derived residues: A minireview［J］. Bioresource Technology, 2018, 248（PartA）：122-133.

［4］邵立明，何品晶，陈活虎. 生物质分类表征温度对蔬菜废物好氧降解过程的影响［J］. 环境科学学报，2006，26（8）：1302-1307.

［5］陈活虎，何品晶，吕凡，等. 腐熟堆肥接种对蔬菜废物中高温好氧降解过程的影响［J］. 环境化学，2006，25（4）：444-448.

实验十一　开放式家庭/宿舍堆肥

（实验学时：4学时；编写人：吕凡、章骅、何品晶；

编写单位：同济大学）

一、实验目的

针对传染病疫情期间人员不能聚集，或实验场地使用不便等问题，通过学生在家庭/宿舍中开展开放式堆肥实验，以及线上指导，使学生：

（1）掌握堆肥过程的基本原理；

（2）掌握堆肥过程的影响因素；

（3）掌握堆肥产物质量的评价指标和评价方法；

（4）了解堆肥反应器类型和构造；

（5）以目标为导向，学会独立设计实验、制定实验方案、开展实验监测、记录数据、分析和讨论问题。

二、实验基本要求

（1）通过文献调研，了解常见厨余垃圾组分的含水率和有机物含量变化范围；

（2）预习《固体废物处理与资源化技术》第五章，堆肥过程基本原理和影响因素、堆肥产物质量评价指标体系、堆肥反应设施知识点；

（3）了解堆肥产物的资源化应用途径。

三、实验原理

好氧堆肥化是指混合有机物在受控的有氧和固体状态下被好氧微生物利用从而被降解，并形成稳定产物的过程。堆肥是指经好氧堆肥化过程形成的稳定产物，包含活的和凋亡的微生物细胞体、未降解的原料、原料经生物降解后转化形成的类似土壤腐殖质的产物。好氧堆肥化的目的是无害化、稳定化、减量化和腐熟化。

好氧堆肥化过程中有机物降解，释放出大量的能量，以热能形式散失至环境中，会导致垃圾堆体温度上升，而堆体表面的辐射散热、水蒸气蒸发潜热、物料升温吸热等因素，则会导致垃圾堆体温度下降。因此堆体温度随着堆置时间的延长，呈现先升高后逐渐降低的变化特征。堆体温度和残留有机物类型的变化又会导致堆体中的优势微生物类型发生演替。垃圾原料的性质和接种微生物的量和微生物种类均会影响有机物的降解过程，从而改变热量的产生规律。

根据堆体温度的变化，可以将堆肥化过程分为五个阶段，即常温潜伏阶段、升温阶段、高温阶段、降温阶段和常温腐熟阶段。当堆体温度>45 ℃，即可认为进入高温阶段，该阶段对于垃圾的无害化、稳定化和减量化非常重要，需要控制其温度范围和在该阶段的连续持续时间。

在工程上，通常将堆肥化过程分为两个阶段，即主发酵（或称一次发酵）阶段和次发酵（或称二次发酵）阶段。主发酵阶段对应常温潜伏阶段、升温阶段、高温阶段和降温阶段，一般持续 5~20 d，主要功能是实现垃圾的无害化、稳定化和减量化；次发酵阶段对应于常温腐熟阶段，持续 30~180 d 或更长时间，主要功能是实现垃圾的腐熟化，获得腐熟的堆肥产物。

但是，在家庭/宿舍内开展堆肥化实验，堆体的体积不可能很大，产热量有限而散热量较大，使得堆体温度上升幅度和高温维持时间极其有限，从而影响了堆肥产物的品质，无法达到无害化、稳定化、减量化和腐熟化的技术目标。因此，如何利用家庭或者学校实验室现有的条件，设计和选择适合的反应器、垃圾原料、接种微生物、堆体规模，以获得持续较长时间的高温或者相对较高的堆体温度或获得相对腐熟堆肥产物，是本实验的难点。

四、课时安排

在重大疫情等特殊时期，大部分学生无法返校，少数学生因原来就滞留在校无法回家也不能进实验室，无法在学校实验室内开设线下的课程实验。学生家庭或者宿舍的实验条件非常有限，因此本实验的教学重点是由学生思考身边所有可利用的简易生活物品，重现堆肥化五个阶段，获得堆肥产物。一般 1 人 1 组，开展个性化实验。数据报告方式也鼓励学生可以采用不同类型的多样化展示手段，包括整个过程的照片、视频甚至是实验过程直播。

（1）理论课时安排：1 学时，其中，介绍堆肥化过程原理和影响因素等内容需 0.4 学时；陈述数据处理要求、实验报告要求、注意事项需 0.3 学时；学生答疑 0.3 个学时。

（2）实验课时安排：3 学时，在 2~3 周内完成。其中，学生设计实验和准备材料 3 d；启动家庭堆肥实验 10~14 d。

主讲教师和助教全过程随时在线答疑。

五、实验材料

（1）生物可降解废物：由学生自行根据家庭/宿舍条件选择不同类型的废物，可以是家庭湿垃圾、菜场垃圾、果皮、杂草等。

（2）填充辅料：由学生自行根据家庭/宿舍条件选择，可以是碎纸屑、秸秆、枯枝败叶、笋壳等。

（3）接种微生物：由学生自行根据家庭/宿舍条件选择，如：酵母粉、土壤、污泥或其他。

六、实验装置

（1）电子天平（如厨房秤）：量程 2 000 g，感量 0.1 g。

（2）温度计：量程 100 ℃，精度 ±0.1 ℃。

本实验由学生根据家庭/宿舍的现有条件，如泡沫箱、塑料容器、保温瓶、纸箱、泡沫塑料等，自行设计堆肥实验装置，考虑因素包括：堆体大小、保温条件、温度计探头、通风、搅拌等。

七、实验步骤和方法

（一）设计家庭堆肥实验

以获得高温堆体和维持高温时间为目标，由学生独立设计堆肥实验。需综合考虑堆肥实验装置形式、大小，拟评估的生物可降解废物来源和可获得性、质量、制备方法，拟添加的填充辅料类型、可获得性、质量、制备方法，拟添加的接种微生物类型、可获得性、添加比例、制备方法；通风情况；臭气控制；监测方案等。

（二）组装堆肥反应器

根据上述设计要求开始搭建组装实验用反应器，进行调试和优化。

（三）准备实验材料

陆续准备实验用的生物可降解废物、填充辅料和接种微生物，并根据情况开展破碎等预处理操作。

（四）装填实验材料

将上述生物可降解废物、填充辅料和接种微生物装填入学生自行组装的堆肥反应器，注意装填方式。

（五）堆肥实验及实验过程记录

利用天平、温度计和人体嗅觉，监测实验过程，记录相关定量、定性数据。根据堆体温度、含水率、质量变化等情况可相应调整优化堆肥化过程。整个过程记录 10~14 d 或更长。

（六）堆肥实验终止

清洗、清理堆肥反应器装置，安全处理堆肥产物。

八、实验结果整理和数据处理要求

（一）实验数据记录表

由学生自行设计拟监测的实验过程指标和记录表。

（二）实验数据处理

由学生自行设计实验数据处理方法和展示手段。

九、注意事项和建议

（1）学生一般不分组，一人一组一特色方案；

（2）实验报告中应详述各实验环节设计的依据；

（3）实验报告中可增加学生的心得体会。

十、思考题

（1）堆肥反应器规模放大应考虑哪些因素？

（2）根据本实验的经验，请提出对堆肥工艺和设施的建议。

（3）试列举可以判断生物质废物生物稳定性的几种方法。

十一、主要参考文献

［1］何品晶. 固体废物处理与资源化技术［M］. 北京：高等教育出版社，2011：143-174.

［2］吕凡，章骅，郝丽萍，等. 易腐垃圾就近就地处理技术浅析［J］. 环境卫生工程，2020，28（5）：1-7.

［3］何品晶，蒋宁羚，徐贤，等. 果蔬类垃圾主发酵堆肥产物储放和利用的恶臭释放特征［J］. 环境科学，2018，39（7）：3452-3459.

实验十二　堆肥产物的杂物含量分析

（实验学时：2 学时；编写人：彭伟、何品晶；

编写单位：同济大学）

一、实验目的

（1）掌握堆肥产物的杂物含量分析方法；

（2）掌握堆肥产物的杂物中塑料的面积测定方法；

（3）了解堆肥产物的杂物成分和含量分析的意义。

二、实验基本要求

（1）了解可堆肥生物质废物的组成成分及含杂情况；

（2）预习《固体废物处理与资源化技术》第五章相关内容，了解好氧堆肥化原理，掌握堆肥的基本过程；

（3）预习堆肥产物的评估指标；

（4）预习固体废物筛分原理和筛分过程；

（5）了解图像分析软件测定物料覆盖面积的方法。

三、实验原理

生物质废物好氧堆肥化是利用好氧微生物代谢使生物质废物降解稳定，不再易腐发臭，成为相容于植物生长的土壤调理剂的过程。生物质废物堆肥产物施用于土地，应不影响植物的生长和土壤的耕作能力。杂物含量（金属、塑料、玻璃、砖石、橡胶等）是衡量堆肥产物品质的重要指标之一。

（一）堆肥中的杂物分选

好氧堆肥化降温阶段结束后，生物质废物中所有的易降解有机物和大部分较难降解有机物已基本被分解。然而，生物质废物在产生或收集过程中混入的杂物（塑料、金属、玻璃、砖石、橡胶等）不可生物降解或降解非常缓慢而残留在堆肥产物中。

通过筛分法可以分离出大于一定粒径的非堆肥杂物。堆肥样品在 $\leqslant 40$ ℃ 条件下风干至含水率 $\leqslant 15\%$ 后（亦可在 105 ℃ 下烘干至恒重），通过机械振动筛分或手动筛分，使用不同孔径的筛网，可以得到不同粒径堆肥物料的粒径分布。通过人工拣选筛上物中的金属、塑料、玻璃、砖石、橡胶等杂物，可以挑出堆肥中的杂物。

（二）堆肥杂物中塑料的覆盖面积

从分选的杂物中，进一步人工分拣出塑料类杂物。分拣出的塑料类杂物，摊铺在白板上，使用数码相机或手机拍照并用图像处理软件（如 Adobe Photoshop）分析塑料类杂物的覆盖面积。

数码相机或手机拍照并用图像分析软件测试不规则平面的面积在实际工作中应用广泛（如计算植被覆盖面积等）。当拍摄对象所在的平面与照相机镜头平行时，从光学成像示意简图（见图 12-1）可得到其图像与实物的尺寸比例关系，见式（12-1）。图像相对实物的放大倍率 P 与像距和物距的比值及数据处理系统的放大系数有关，而与图像本身的大小无关。

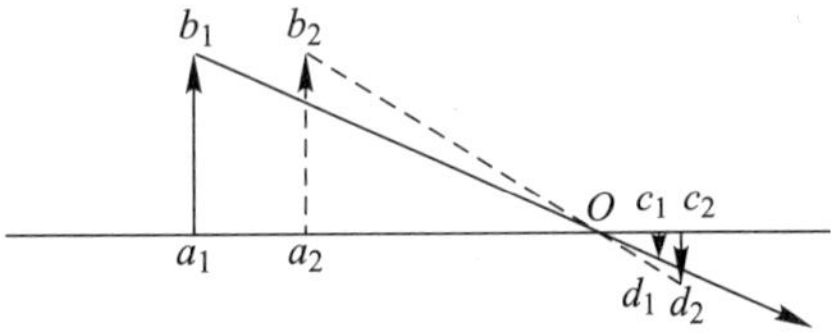

图 12-1　光学成像示意简图

$$P = \frac{\overline{c_1 d_1}}{\overline{a_1 b_1}} \cdot k = \frac{\overline{c_1 O}}{\overline{a_1 O}} \cdot k \quad (12-1)$$

式中：P——图像相对于实物的放大倍率，量纲为 1；

$\overline{c_1 d_1}$——c_1 和 d_1 间距离，m；

$\overline{a_1 b_1}$——a_1 和 b_1 间距离，m；

$\overline{c_1 O}$——像距，c_1 和 O 间距离，m；

$\overline{a_1 O}$——物距，a_1 和 O 间距离，m；

k——相机或手机数据处理系统的放大系数，量纲为 1。

像素是图片大小的基本单位，单位面积上像素的数目称为分辨率。数码相机或手机拍摄的数字图像是以像素点阵的方式存储的，一张图片就是由不同颜色的像素点阵组成的像素点阵面。这些点阵反映在图片上就是紧密排列的相同大小的方格（或多边形）。因此，图片上图像的面积与方格的多少即像素的数目成正比；分辨率越高，则单位图像面积上的像素越多。

对于一张照片上的不同部分，由于分辨率相同，其面积与像素的比值为定值。如果已知照片上某部分的图像面积为 S_1，像素为 X_1，则可以根据照片其他部分的像素值 X_2 计算出其对应的图像面积 S_2，其计算公式为：

$$S_2 = \frac{X_2 S_1}{X_1} \qquad\qquad (12-2)$$

四、课时安排

（1）理论课时安排：0.5 学时，介绍实验原理和操作程序。

（2）实验课时安排：1.5 学时。

五、实验材料

（一）实验物料

含有杂物的干燥堆肥样品：500~1 000 g/组。

实验前，由教师或助教将堆肥样品置于电热鼓风恒温干燥箱（105±5 ℃）内干燥，至含水率低于 15%。

（二）实验器皿

（1）2 mm 标准孔径筛：1 只/组；

（2）15 cm×20 cm 白板：1 块/组；

（3）镊子：1 个/人。

六、实验装置

（1）电子天平：量程 1 000 g，感量 0.01 g；

（2）电动振动筛或手动筛：配套 2 mm 孔径标准筛、筛底和筛盖；

（3）数码相机（或带拍照功能的手机和平板电脑等）；

（4）电热鼓风恒温干燥箱：最高使用温度 180~200 ℃，控温精度±1 ℃。

七、实验步骤和方法

实验步骤如图 12-2 所示。

（1）用配置 2 mm 孔径标准筛的电动振动筛，或手动筛分堆肥样品（3 份平行样，每份 100~200 g），每份样品筛分时间应大于 7 min，筛分结束后，分别测定筛上物和筛下物的质量；

（2）人工拣选每份样品筛上物（粒径>2 mm）中的玻璃、金属、塑料、橡胶和其他非矿物杂物，并称重；

（3）从拣选出的杂物中进一步挑取塑料类杂物，并称重；

（4）将步骤（3）挑出的塑料类杂物平铺于 15 cm×20 cm 白板上，白板上可以放一把有刻度的直尺，用数码相机或手机拍照后，采用能够测定颗粒物面积的图像分析软件（如 Adobe Photoshop）测定塑料类杂物的覆盖面积。

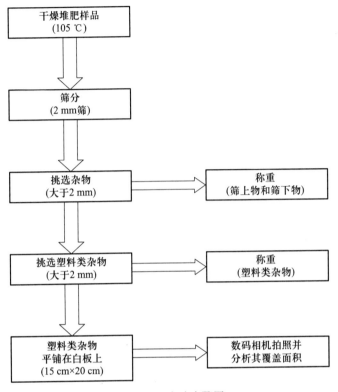

图 12-2 实验步骤图

八、实验结果整理和数据处理要求

（一）实验结果记录

见表 12-1。

（二）实验数据处理

（1）分别计算杂物含量、塑料类杂物含量和塑料类杂物单位质量覆盖面积（单位质量堆肥中塑料类杂物的覆盖面积）的平均值和标准偏差；

（2）分析并剔除实验数据中的异常值（方法参见附录三第三节）。

表 12-1 堆肥产物中杂物含量及塑料类杂物覆盖面积测试结果

样品	堆肥样 1	堆肥样 2	堆肥样 3	平均值	标准偏差
含水率/%					
堆肥质量/g					

续表

样品	堆肥样 1	堆肥样 2	堆肥样 3	平均值	标准偏差
筛上物质量/g					
筛下物质量/g					
杂物质量/g					
杂物含量/%					
塑料类杂物质量/g					
塑料类杂物含量/%					
塑料类杂物覆盖面积/cm²					
塑料类杂物单位质量覆盖面积/(cm²·kg⁻¹)					

九、注意事项和建议

（1）筛分的过程会出现粉尘，实验操作人员应佩戴防尘口罩进行个人防护；

（2）挑选杂物时，对黏连在杂物上的有机成分尽量剔除，仅保留杂物成分。

十、思考题

（1）堆肥中杂物的来源涉及固体废物管理的哪些环节？通过哪些固体废物管理手段可以减少堆肥中的杂物？

（2）筛分的堆肥样品量过少会对实验结果产生什么影响？

（3）为什么除了测定塑料类杂物的质量分数还要测塑料类杂物单位质量覆盖面积？

十一、主要参考文献

［1］何品晶. 固体废物处理与资源化技术［M］. 北京：高等教育出版社，2011：143-174.

［2］Association for Organics Recycling. Method to determine particle size distribution of compost and its physical contaminant and stone contents［R］. London：

Association for Organics Recycling，2012.

　　［3］ Thelen-Jüngling M. New method for evaluation of impurities in compost ［R］. Köln-Gremberghoven：Bundesgütegemeinschaft Kompost e. V，2008.

　　［4］ 刘卓钦，张瑞. 利用数码相机和 Photoshop 软件测量物体任意边界平面的面积 ［J］. 中国测试，2014，40 （1）：80-83.

实验十三　生物质废物产甲烷潜力测定

（实验学时：4 学时；编写人：吕凡、何品晶；
编写单位：同济大学）

一、实验目的

（1）掌握产甲烷潜力的概念；

（2）掌握产甲烷潜力的测定原理；

（3）掌握产甲烷速率和最大产甲烷潜力的计算方法；

（4）了解不同类别生物质废物在厌氧条件下生物可降解性的差异；

（5）了解微生物接种量对产甲烷潜力和厌氧消化的影响；

（6）掌握产甲烷潜力在生物质废物能源回收效率和厌氧处理效果评估中的应用。

二、实验基本要求

（1）预习《固体废物处理与资源化技术》第五章相关内容，了解生物质废物厌氧消化的原理、影响因素和典型工艺；

（2）预习生物质废物产甲烷潜力测定实验的原理和操作流程；

（3）了解实验所需材料，预习实验仪器的使用方法；

（4）预习产甲烷速率和最大产甲烷潜力的计算方法；

（5）预习生物质废物厌氧条件下生物可降解性的评价方法。

三、实验原理

厌氧消化是有机物在无氧条件下通过厌氧微生物的代谢活动而被转化为甲烷和二氧化碳等气体的过程。产甲烷潜力是指在一定的厌氧环境条件下，单位质量物料在一定时间的培养期内最终能被微生物降解所产生的甲烷气体累计量，以单位物料的干基质量计算。生物质废物的厌氧消化一般包括水解、酸化、乙酸化和甲烷化四个串联阶段。厌氧消化的主要影响因素有：① 原料的性质，如：生物可降解性、物料的颗粒尺寸、物料的有机负荷等；② 消化过程的环境条件，如：pH、温度、氢分压等。从能源回收的角度，需要了解特定的生物质废物通过厌氧消化技术能获得多少能源气体——甲烷。通过产甲烷潜力实验来模拟生物质废物的厌氧消化过程，可研究该类废物的厌氧生物可降解性和甲烷得率，以及上述物料和环境因素对甲烷得率和甲烷生成速率的影响。填埋场也是一个自然的厌氧生化环境，堆体内的生物质废物或者处理残余物在填埋条件下会继续厌氧产甲烷、释放温室气体、影响填埋体结构稳定。因此，也可以通过产甲烷潜力测试评估填埋废物的厌氧生物稳定程度和环境影响。

产甲烷潜力，是指单位质量的待测有机物在厌氧微生物作用下产气趋于稳定时的甲烷生成量。由于厌氧微生物活力和物料性质的差异，产气趋于稳定的历时需数天或数十天。国际上一般采用 21 天或 60 天，分别定义为 GB21 和GB60。甲烷累计产生量随时间的变化曲线一般呈现为 S 型曲线（也称为生长曲线），体现了迟滞、快速生成、稳定生成三阶段的变化。根据该 S 型曲线可以相应计算出产甲烷速率、最大产甲烷速率和第 21 天或第 60 天的最大累计甲烷产量，即产甲烷潜力。产甲烷速率为单日甲烷产量，最大产甲烷速率为 21天中或 60 天中最大单日甲烷产量。产甲烷潜力表示待测物料在一定时间内能被厌氧生物降解产生甲烷的量，因此，待测物料的生物可降解性与产甲烷潜力呈正相关关系。最大产甲烷速率通常在甲烷快速生成阶段出现，反映了厌氧微生物在该条件下的活性，因此，生物可降解性与最大产甲烷速率也呈正相关关系。

厌氧消化也常被称为沼气发酵，沼气的主要成分为甲烷和二氧化碳，以及微量的硫化氢、氨气等。本实验预期得到的结果是甲烷产量，因此，在对沼气中的甲烷进行计量之前，需去除沼气中的其他气体。甲烷为惰性气体，而沼气的其余成分主要为酸性气体，能被氢氧化钠溶液吸收，因此在收集到沼气之后，需将其通入含氢氧化钠溶液的洗气瓶，以去除甲烷之外的气体。甲烷极难溶于水，因此可采用排水法，对甲烷进行计量，相较于其他方法，排水法装置简单，产生的甲烷可保留在容器内，减小安全隐患。也可通过气体流量计连续计数并自动记录数据，但仍需定时监测数据是否出现异常。

四、课时安排

产甲烷潜力测定需 21 天，但课程实验一般只能安排 4 学时。因此，本实验采用线下实验操作、线上观测数据的教学方法。在 4 学时的线下课程实验中，主要完成理论教学、反应装置搭建等教学内容。其后 21 天，学生通过气体流量计配置的手机远程监控软件实时线上观测甲烷产生情况；或者通过带手机远程监控软件的摄像头观测量气计上的刻度变化。根据实验室仪器配置条件，本实验设计为两种形式，一是量气计型，二是气体流量计型。

（1）理论课时安排：1 学时，其中，介绍厌氧消化处理生物质废物的原理、影响因素和典型工艺等内容需 0.4 学时；介绍产甲烷潜力测定方法、测定步骤、主要仪器使用方法、数据处理要求、实验报告要求、注意事项需 0.6 学时。

（2）实验课时安排：3 学时。其中，学生调试仪器、掌握主要仪器使用方法内容 30 min，称量物料、装瓶 45 min，调节 pH、充氮气 45 min，搭建反应装置等 60 min。

教师应预先测定接种污泥和各待测物料的含固率（TS）、挥发性固体含量（VS），并告知学生。

五、实验材料

（一）实验物料

（1）接种污泥；

（2）待测物料：餐饮垃圾、园林废物，每组选择其中 1 种物料，进行 3 个平行样测定。

（二）试剂

（1）营养储备液：配方见表 13-1，分别按 A 液、B 液、C 液和 D 液进行配置储存，所用试剂均采用分析纯；

表 13-1　营养储备液配方表

储备液	化合物	每升含量/g
A 液	$MgCl_2 \cdot 6H_2O$	0.5
	$CaCl_2 \cdot 2H_2O$	0.375
	$FeCl_2 \cdot 4H_2O$	0.1
B 液	NH_4Cl	2.65
C 液	$Na_2S \cdot 9H_2O$	1
D 液	K_2HPO_4	13.85
	KH_2PO_4	14

（2）NaOH 溶液：3 mol·L^{-1}，分析纯；

（3）HCl 溶液：3 mol·L^{-1}，分析纯；

（4）蒸馏水。

（三）器皿

A. 量气计型

（1）反应瓶：500 mL 具旋盖和橡胶塞的广口玻璃瓶 3 只/组；

（2）洗气瓶：100 mL 具旋盖和橡胶塞的广口玻璃瓶 3 只/组；

（3）500 mL 量气计：3 只/组；

（4）500 mL 小口试剂瓶：3 只/组；

（5）2 000 mL 玻璃下口瓶：1 只/组；

（6）100 mL 量筒：1 只/组；

（7）红色或蓝色墨水；

（8）5 L 气袋：1 只/组，预先充填氮气。

B. 气体流量计型

（1）反应瓶：500 mL 具旋盖和橡胶塞的广口玻璃瓶 3 只/组；

（2）洗气瓶：100 mL 具旋盖和橡胶塞的广口玻璃瓶 3 只/组；

（3）100 mL 量筒：1 只/组；

（4）5 L 气袋：1 只/组，预先充填氮气。

六、实验装置

（1）电子天平：量程 1 000 g，感量 0.01 g；

（2）移液枪：量程 1 000 μL，精度±1 μL；

（3）pH 计（或采用 pH 精密试纸）：精度±0.05；

（4）恒温水浴锅：可控制至 35±1 ℃；

（5）橡胶软管若干；

（6）远程控制摄像头（量气计型专用）；

（7）气体流量计（气体流量计型专用）：量程 2~240 mL·min^{-1}，精度为偏差系数≤1%。

七、实验步骤和方法

（一）称量物料

本实验体积设为 350 mL，所添加的接种污泥与待测物料各需含 8.75 g 有机物。根据教师所提供的物料挥发性固体含量数据和含固率数据，计算本实验所需的接种污泥和待测污泥质量。将 500 mL 反应瓶置于电子天平上，相应加入接种污泥和待测物料至目标质量。

（二）装瓶

用量筒分别量取表 13-1 的 A 液、B 液、D 液各 70 mL，用移液枪量取 C

液 3.5 mL，添加至反应瓶中。最后，补充蒸馏水至 350 mL。

（三）调节 pH

用 pH 计或 pH 精密试纸测定反应溶液的 pH，加入适量 HCl 溶液或者 NaOH 溶液使 pH 恒为 7.0。

（四）充氮气

将图 13-1 或图 13-2 中反应瓶密封盖盖好，用橡胶软管连接气袋与反应瓶长连接管，用手缓慢按压气袋，使得约 1 500 mL 氮气缓慢鼓入反应瓶中，并从短连接管出口排出。关闭长、短连接管阀门，断开气袋。

（五）搭建装置

用量筒量取 80 mL 氢氧化钠溶液，加入到 100 mL 洗气瓶，用以吸收 CO_2 等酸性气体。将反应瓶置入恒温水浴锅中。分别按图 13-1（量气计型）和图 13-2（气体流量计型）连接实验装置。其中，量气计型实验应通过图 13-1 上端的玻璃下口瓶将混有红色或蓝色墨水的自来水注入量气计至初始刻度后关闭进水阀门，开启出水阀门。水浴锅内注入适量蒸馏水至反应瓶瓶颈下方，设置温度为 35 ℃，启动水浴锅。

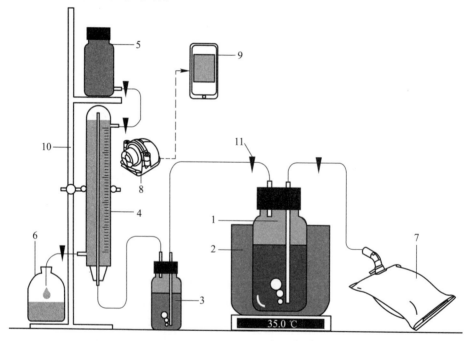

1. 反应瓶；2. 恒温水浴锅；3. 洗气瓶；4. 量气计；5. 玻璃下口瓶；
6. 小口试剂瓶；7. 气袋；8. 摄像头；9. 手机监控端；10. 支架；11. 阀门

图 13-1　量气计型实验装置示意图

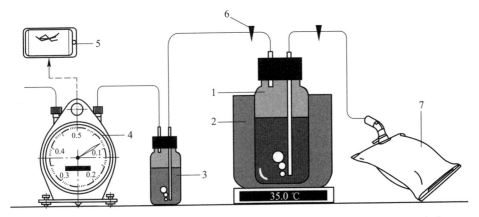

1. 反应瓶；2. 恒温水浴锅；3. 洗气瓶；4. 气体流量计；5. 手机监控端；6. 阀门；7. 气袋

图 13-2　气体流量计型实验装置示意图

（六）安装手机应用软件，线上记录数据

根据不同的实验装置（图 13-1 或图 13-2），分别按照摄像头和气体流量计的使用说明，安装手机远程监控软件。调试无误后，可结束线下课程实验，在随后 21 天内定时通过手机应用软件记录气体产生量数据。

八、实验结果整理和数据处理要求

（一）实验结果记录

课程实验及时按表 13-2 记录和计算数据。其后 21 天按表 13-3 记录数据。

表 13-2　物料数据记录表

物料种类	TS/% 湿基	VS/% 干基	实际投加量/g
接种污泥			
待测物料 1			
待测物料 2			
原装混合物料			
反应器中的混合物料			

表 13-3 每日甲烷产量记录表（物料类型：_____）

天数/d	平行 1 甲烷产量/mL	平行 2 甲烷产量/mL	平行 3 甲烷产量/mL
0			
1			
2			
3			
⋮			
21			

（二）实验数据处理

（1）绘制累计甲烷产量曲线图；

（2）分析累计甲烷产量曲线的特征，以及判断迟滞期时间；

（3）计算 21 日累计甲烷产量 $[mL \cdot g(VS)^{-1}]$ 平均值和标准偏差；

（4）计算最大产甲烷速率 $[mL \cdot g(VS)^{-1} \cdot d^{-1}]$ 即最大单日甲烷产量的平均值和标准偏差；

（5）分析数据偏差原因；

（6）结合累计甲烷产量和最大产甲烷速率评价物料的生物可降解性。

九、注意事项和建议

（1）实验所用物料均含水，无法使用称量纸称量，应将反应瓶置于电子天平上，记录初始质量，将物料直接加入反应瓶中，与初始质量的差值即为物料质量。

（2）若用氮气钢瓶替代气袋，因氮气钢瓶属于高压设备，需小心操作，由助理教师专人看管。阀门开启时，应先开总阀，再缓慢拧开分压阀；关闭时，应先关分压阀，再关闭总阀。

（3）恒温水浴锅内的水分由于温度高，蒸发较快，需定时补充蒸馏水。

（4）注意气体管路连接，防止倒吸，洗气瓶气体应长进短出。

（5）教师可根据教学目的，将本实验相应变化为污泥接种比或者温度的影响评估实验等。

（6）表 13-1 的营养储备液配方根据实验需要进行了简化，在标准化测定时还应加入微量元素、维生素等物质。

十、思考题

（1）说明硫化钠的作用及作用机理，是否可以用其他物质代替？

（2）为什么实验启动阶段需将 pH 调为 7，试结合厌氧消化各阶段特点回答。

（3）实验结果的平行性如何？若平行性不好，可能受哪些因素影响？针对这些影响提出改进方法。

（4）如何缩短迟滞期时间？

（5）对于生物可降解性差的物料，请提出几种适当的预处理手段，以提高甲烷产量。

十一、主要参考文献

［1］何品晶. 固体废物处理与资源化技术［M］. 北京：高等教育出版社，2011：178-206.

［2］何品晶，胡洁，吕凡，等. 含固率和接种比对叶菜类蔬菜垃圾厌氧消化的影响［J］. 中国环境科学，2014，34（1）：207-212.

［3］Lü F, Hao L P, Guan D X, et al. Synergetic stress of acids and ammonium on the shift in the methanogenic pathways during thermophilic anaerobic digestion of organics［J］. Water Research，2013，47（7）：2297-2306.

［4］Lin Y C, Lü F, Shao L M, et al. Influence of bicarbonate buffer on the methanogenetic pathway during thermophilic anaerobic digestion［J］. Bioresource Technology，2013，137，245-253.

［5］Angelidaki I, Alves M, Bolzonella D, et al. Defining the biomethane potential（BMP）of solid organic wastes and energy crops：A proposed protocol for batch assays［J］. Water Science & Technology，2009，59（5）：927-934.

实验十四　生活垃圾焚烧热工及烟气分析

（实验学时：6 学时，编写人：陈德珍、胡雨燕；
编写单位：同济大学）

一、实验目的

（1）了解生活垃圾焚烧实验系统的基本构成，主要设备的结构和工作原理，掌握主要设备的操作和调节方法；

（2）熟悉生活垃圾焚烧过程，了解各环节涉及的主要物理、化学机理，掌握主要工艺参数［物料种类（热值）、外形尺寸、含水率、过剩空气系数］对垃圾焚烧过程的影响；

（3）了解烟气分析仪测量原理，掌握主要工艺参数［物料种类（热值）、外形尺寸、含水率、过剩空气系数］对垃圾焚烧过程污染物排放浓度的影响。

二、实验基本要求

（1）预习《固体废物处理与资源化技术》第六章，预习垃圾焚烧的基本原理、垃圾焚烧过程污染物生成机理；

（2）预习热工测量仪器的结构、工作原理和操作方法；

（3）预习烟气分析仪测量原理；

（4）按照生活垃圾的典型可燃组分，准备厨余、织物、纸张、塑料、竹木 5 种典型垃圾组分样品，完成实验样品的工业分析、热值和元素分析，样品的准备和测试可由教师完成后提供信息给学生；

（5）学生选择其中 1 种样品（单组），根据固体燃料公式计算焚烧所需理论空气量，设计实验方案，确定入炉物料的含水率、外形尺寸和过剩空气系数。

三、实验原理

（一）生活垃圾焚烧炉工作原理

生活垃圾中含有多种有机成分，其燃烧过程分为干燥、热分解和燃烧三个过程。生活垃圾的干燥是利用热能使水分汽化，并排出生成的水蒸气的过程。生活垃圾的含水率较高，在送入焚烧炉前其含水率一般为 30%～60%，甚至更高。因此，干燥过程中需要消耗较多的热能——水的汽化潜热。生活垃圾的含水率越高，干燥阶段所需时间也就越长，从而使炉内温度降低，影响干燥阶段，最后影响垃圾的整个焚烧过程，此时需添加辅助燃料，以提高炉温，改善干燥着火条件。生活垃圾热分解是垃圾中多种有机可燃物在高温作用下分解或聚合的化学反应过程，反应的产物包括各种烃类、固定碳及不完全燃烧物等。生活垃圾燃烧是在氧气存在条件下有机物快速、高温氧化的过程。

实际的生活垃圾焚烧过程是十分复杂的。垃圾经过干燥和热分解后，产生许多不同种类的气、固态可燃物，这些物质在有空气混合、达到着火所需的必要条件时，就会形成火焰而燃烧。因此，生活垃圾焚烧是气相燃烧和非均相燃烧的混合过程。炉膛温度、烟气中 CO 和 O_2 含量是评价焚烧完全程度的主要表征参数。

生活垃圾焚烧实验系统流程见图 14-1。主要有固定炉排燃烧反应器 1，包括一燃室 2、二燃室 3，固定炉排 4 和渣斗 5。反应器外设电加热炉 6，电加热炉由其控制器 7 实现程序升温，达到物料着火所需温度；一燃室与二燃室温度由热电偶 10 和 11 测量，燃烧所需空气由空气压缩机 16 提供，一次风和二次风流量调节由浮子流量计 18 和 17 控制，燃烧产生的烟气经差压式流量计 12 测定，部分烟气经过滤器 13 净化后，由烟气分析仪 14 分析其成分，其余烟气进入烟气净化装置 15，经碱液洗涤后排放。

（二）烟气电化学分析原理

电化学气体传感器的工作原理是：使待测气体经过除尘、去湿后进入传感器，经由渗透膜进入电解槽，在电解液中被扩散吸收的气体在规定的氧化电位下进行电位电解，根据耗用的电解电流求出其气体的浓度。

以 SO_2 为例，被测气体通过渗透膜进入电解槽，传感器电解液中扩散吸收的 SO_2 发生如式（14-1）所示氧化反应：

$$SO_2+2H_2O \longrightarrow SO_4^{2-}+4H^++2e \tag{14-1}$$

与此同时产生对应的极限扩散电流 i，在一定范围内 i 的大小与 SO_2 浓度成正比，如式（14-2）：

$$i=\frac{Z \times F \times S \times D}{\delta} \times C \tag{14-2}$$

式中：i——极限扩散电流，A；

$\quad\quad$ F——法拉第常数，96 485 C·mol^{-1}；

$\quad\quad$ S——气体扩散面积，m^2；

D——扩散常数，$m^2 \cdot s^{-1}$；

δ——扩散层厚度，m；

Z——电子转移数，量纲为 1；

C——SO_2 浓度，$mol \cdot m^{-3}$。

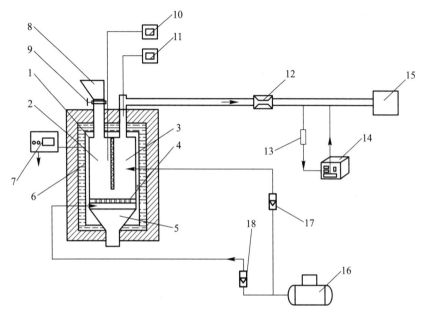

1. 固定炉排燃烧反应器；2. 一燃室；3. 二燃室；4. 固定炉排；5. 渣斗；6. 电加热炉；
7. 电加热炉控制器；8. 料斗；9. 翻板阀；10. 一燃室热电偶及其显示器；
11. 二燃室热电偶及其显示器；12. 差压式流量计；13. 烟气过滤器；
14. 烟气分析仪；15. 烟气净化装置；16. 空气压缩机；
17. 二次风浮子流量计；18. 一次风浮子流量计

图 14-1　生活垃圾焚烧实验系统流程图

四、课时安排

（1）理论课时安排：1 学时，讲授内容包括：生活垃圾焚烧实验系统组成，设备和仪表工作原理和操作方法。

（2）实验课时安排：5 学时，根据垃圾典型可燃组分，安排 8 个工况（见表 14-1），4 人/组，每人选择 2 个工况，4 人轮流换岗，负责实验组织、记录实验起止时间 1 人，安排一次风、二次风流量控制 1 人，一燃室和二燃室温度记录、烟气流量记录 1 人，烟气浓度监测 1 人。

实验工况见表 14-1。

表 14-1　实　验　工　况

实验编号	样品尺寸	含水率	过剩空气系数
1	1	1	1
2	1	1	2
3	1	2	1
4	1	2	2
5	2	2	2
6	2	1	1
7	2	2	1
8	2	1	2

注：样品尺寸可在 5~20 mm 中选择，含水率可在 30%~60% 范围内选择，过剩空气系数可在 1.5~2.5 中选择。

五、实验材料

（一）实验样品和试剂

（1）厨余、织物、纸张、塑料、竹木垃圾：每组选择其中 1 种组分，800 g；

（2）分析纯 NaOH，去离子水。

（二）器皿

（1）250 mL 气泡吸收瓶：4 只/组。

（2）标准筛：2 个/组，孔径可在 5~20 mm 中选择。

六、实验装置

（1）电加热炉（定制）：最高使用温度 1 200 ℃，控温精度 ±1 ℃，加热腔容积 25 L；

（2）固定炉排燃烧反应器（定制）：总容积 20 L，一燃室与二燃室体积比为 3:5；

（3）空气压缩机：输出压为 0.1~0.8 MPa，输出流量 90 L·min^{-1}；

（4）浮子流量计：2 个，量积 3~30 L·min^{-1}；

（5）差压式流量计：量积 1~20 m^3·h^{-1}；

（6）K 型热电偶：2 支，温度 0~1 250 ℃；

（7）电化学烟气分析仪：可测 CO、O_2、NO、NO_2、SO_2、HCl、CO_2；

（8）冰浴箱：四孔，可容纳 4 个 250 mL 冲击式吸收瓶；

（9）引风机：变频，风量 60 m^3·h^{-1}，压头 140 Pa；

（10）破碎机：可将垃圾组合破碎至粒径 10 mm 以下；

（11）电子天平：量程 1 000 g，感量 0.01 g。

七、实验步骤和方法

（一）电加热炉预热

根据电加热炉程序控制器操作方法，将炉温设置为 850 ℃，加热时间 1 h（也可安排在教学学时中，以节约时间）。

（二）样品制备

与电加热炉预热同时，根据预定实验方案（记录在表 14-2 中），确定样品筛（2 种尺寸）；选择 1 种物料，取 400 g 破碎后过筛，筛下物均分成 2 份，根据实验方案分别调整含水率（加水或烘干）；共计 4 种样品（2 种尺寸、2 种含水率），密封备用。

（三）鼓风

电加热炉温度达到 850 ℃ 后，开启空气压缩机，根据所设定的空气量，调节一次风流量计和二次风流量计，两者流量比值控制在 4∶1。

（四）进料

称取 100 g 物料加入料斗，电加热炉温度稳定在 850 ℃ 后，关闭电加热炉加热开关，打开料斗进料翻板阀，物料全部落入燃烧反应器后，关闭翻板阀，记录进料时间。

（五）观察与记录

按照表 14-3 观察和记录，当 O$_2$ 浓度几乎恢复到 21%、CO 和 CO$_2$ 浓度下降到基本稳定后，本轮实验结束。

（六）下轮实验准备工作

观察炉膛温度，当炉温低于 850 ℃ 后，打开电加热炉加热开关，维持炉温接近 850 ℃，同时维持空气通入，持续加热 10 min，保证上轮实验物料几乎燃尽。

（七）完成本组剩余实验

重复步骤（三）~（六）直至本组 8 轮实验结束。

八、实验结果整理和数据处理要求

（一）实验结果记录

见表 14-2 和表 14-3。

表 14-2　实验方案设计表

实验编号	样品种类	含水率/%	样品质量/g	样品尺寸/mm	进料时间/min	一次风流量/(mL·min^{-1})	二次风流量/(mL·min^{-1})
1							
2							
3							
4							
5							
6							
7							
8							

表 14-3　实验记录表

实验编号	记录时间/min	一燃室温度/℃	二燃室温度/℃	烟气流量/(mL·min^{-1})	O_2/%	CO_2/%	CO/(mg·m^{-3})	NO/(mg·m^{-3})	NO_2/(mg·m^{-3})	SO_2/(mg·m^{-3})	HCl/(mg·m^{-3})
1											
2											
⋮											

（二）实验数据处理

（1）根据烟气中 O_2 浓度计算过剩空气系数，计算物料加料和燃尽之间的平均过剩空气系数，与计算值进行比较。

（2）计算单位质量物料的污染物产生量。

九、注意事项和建议

（1）注意用保温隔热材料包裹电加热炉外的金属管路，避免皮肤直接接触高温部件；电加热炉停止工作后，禁止立刻打开炉门，避免电加热元件快速降温造成的破坏。

（2）烟气需经过多级烟尘过滤器过滤颗粒物，以及经干燥管除湿，尽量保证洁净的烟气进入传感器参与化学反应；要得到稳定的浓度值，从开始测量到可以读数需要 1~2 min 的等待时间；每次测量结束请重新校准（操作 1 h 后），这样可以得到更为准确的测量值；检测 HCl 和 SO_2 时，需考虑水冷凝和吸附问题，取样管外建议包裹电加热带。

十、思考题

（1）绘制一燃室温度、二燃室温度、污染物浓度、O_2 浓度、CO_2 浓度随时间的变化曲线，并根据曲线估算着火时间和燃尽时间。

（2）烟气分析检测对象中哪些可以用于评价燃烧状态？是否还有其他评价燃烧完全程度的参数？

（3）组内对比分析含水率、物料外形尺寸和过剩空气系数对炉膛温度、燃烧完全程度和污染物产生量的影响。

（4）组间数据对比，分析物料种类对炉膛温度、燃烧完全程度和污染物产生量的影响。

（5）对实验过程和装置提出意见和建议。

十一、主要参考文献

［1］何品晶. 固体废物处理与资源化技术 ［M］. 北京：高等教育出版社，2011：218-242.

［2］环境保护部. 生活垃圾焚烧污染控制标准：GB 18485—2014 ［S］. 北京：中国环境科学出版社，2014.

实验十五　垃圾焚烧炉渣热灼减率、物理组成和粒径分布测试

（实验学时：4 学时；编写人：胡雨燕、陈德珍、章骅；
编写单位：同济大学）

一、实验目的

（1）掌握垃圾焚烧炉渣热灼减率、物理组成和粒径分布测试方法；

（2）了解物理组成人工挑拣称重法、标准筛分法原理；

（3）掌握实验仪器操作方法，提高动手能力。

二、实验基本要求

（1）预习《固体废物处理与资源化技术》第六章相关内容，预习垃圾焚烧炉渣、热灼减率、物理组成、粒径分布等概念；

（2）预习炉渣热灼减率、物理组成和粒径分布测试方法及原理。

三、实验原理

（一）热灼减率

热灼减率是判定焚烧炉正常与否最有力的依据，可以评估焚烧状况。热灼减率是指焚烧残渣经灼烧减少的质量占原焚烧残渣质量的百分数。根据《固体废物　热灼减率的测定　重量法》（HJ 1024—2019），热灼减率测定原理为：样品经干燥至恒重后，于 600±25 ℃灼烧 3 h 至恒重。根据干燥样品灼烧前后的质量变化，计算热灼减率，以质量分数表示。

（二）人工挑拣称重法

分选是利用固体混合物各组分的物理性能差异，如粒度、密度、磁性、光电性和湿润性等的差异，采用相应的手段将其分离。通过人工分选，可选出炉渣中熔渣、砖块、玻璃、陶瓷、石头、金属和未燃尽物质等，分别称量各组分质量，可得到焚烧炉渣的物理组成。

（三）标准筛分法

标准筛分法是让粉体试样通过一系列不同筛孔的标准筛，将其分离成若干个粒级，分别称重，求得以质量分数表示的粒径分布。筛分法一般适用于 20 μm~100 mm 废物的粒径分布测量。若采用电成型筛（微孔板筛），其筛孔尺寸甚至可小于 5 μm。

筛孔的大小习惯上用"目"表示，其含义是每英寸（2.54 cm）长度上筛孔的数目。也有的用 1 cm 长度上的孔数或 1 cm 筛面上的孔数表示，还有的直接用筛孔的尺寸来表示。筛分法常使用标准筛，标准筛的筛制按国际标准化组织（ISO）推荐的筛孔为 1 mm 的筛子作为基筛，也可采用泰勒筛，以筛孔尺寸为 0.074 mm 的筛子（200 目）作为基筛。

筛分法有干法与湿法两种，测定粒径分布时，一般用干法筛分。干法筛分是将一定质量的粉料试样置于筛中，借助于机械振动或手工拍打使颗粒通过筛网，直至筛分完全后，根据筛上、筛下物质量和试样质量，获得粒径分布。

筛分法使用的设备简单，操作方便，但筛分结果受颗粒形状的影响较大，粒径分布的粒级较粗、测试下限超过 38 μm 时，筛分时间长，也容易堵塞。筛分法所测得的粒径分布还取决于下列因素：筛分的持续时间、筛孔的偏差、筛子的磨损、观察和实验误差、取样误差、不同筛子和不同操作的影响等。

四、课时安排

（1）理论课时安排：1 学时，讲授实验原理和流程，实验设备和测量仪器的原理和操作方法。

（2）实验课时安排：3 学时，在热灼减率实验进行的同时，开展炉渣粒径分布和物理组成实验。

五、实验材料

（一）样品

（1）已烘干、未破碎的垃圾焚烧炉渣样品：2 kg/组；

（2）已烘干、破碎至粒径小于 1 mm 的垃圾焚烧炉渣样品：100 g/组。

（二）器具

（1）50 mL 带盖瓷坩埚：3 个/组，空坩埚预先在 600±25 ℃下灼烧 2 h；

（2）干燥器：1 个/组；

（3）坩埚钳：1 个/组；

（4）镊子：3 个/组。

六、实验装置

（1）电子天平：量程 500~1 000 g，感量 0.01 g；

（2）电热鼓风恒温干燥箱：最高使用温度 180~200 ℃，控温精度±1 ℃；

（3）振动筛分机，含标准筛一套：孔径为 60 mm、40 mm、20 mm、10 mm、5 mm、2 mm、1 mm、0.5 mm、0.25 mm、0.074 mm；

（4）马弗炉：最高使用温度 1 200 ℃，控温精度±1 ℃。

七、实验步骤和方法

（一）热灼减率测试

（1）称量 3 个空瓷坩埚（已在 600±25 ℃下灼烧 2 h 后冷却）的质量（精确至 0.01 g）；

（2）在每个瓷坩埚中，平铺置入不少于 20 g 破碎至粒径小于 1 mm 的干燥炉渣样品，称量含样品瓷坩埚的质量（精确至 0.01 g）；

（3）将装有样品的坩埚盖好后放入马弗炉中，温度升至 600±25 ℃灼烧 3 h，停止加热后，稍冷，用坩埚钳将坩埚取出置于干燥器中，冷却至室温后称重；

（4）将装有样品的坩埚盖好后再放入马弗炉中，温度升至 600±25 ℃灼烧 30 min，停止加热后，稍冷，用坩埚钳将坩埚取出置于干燥器中，冷却至室温后称重；观测两次灼烧后称量之差是否小于 0.02 g（若不能满足，可由实验教师代为继续灼烧 30 min）；

（5）按式（15-1）计算热灼减率。

$$LOI_k = \frac{(M_{k2}+M_{k3})/2-M_{k0}}{M_{k1}-M_{k0}} \times 100\% \qquad (15-1)$$

式中：LOI_k——样品 k 的炉渣热灼减率，%；

M_{k2}——第 1 次灼烧后含炉渣样品 k 的坩埚质量，g；

M_{k3}——第 2 次灼烧后含炉渣样品 k 的坩埚质量，g；

M_{k0}——用于放置炉渣样品 k 的空坩埚质量，g；

M_{k1}——灼烧前含炉渣样品 k 的坩埚质量，g；

k——平行样的序号，$k=1, 2, \cdots, m$，m 一般取 3。

（二）物理组成测试

（1）取 3 份（平行样，每份 200 g 左右）已烘干、未破碎的垃圾焚烧炉渣样品，称量其质量；

（2）按照表 15-1 的类别粗分拣炉渣样品中的各组分；

（3）将粗分拣后剩余样品充分过筛（孔径 10 mm），筛上物细分拣各组分，筛下物按其主要组分分类，确实分类困难的归为混合类；

（4）分别称量各组分质量，检查各组分质量总和与称取的样品质量，相差不应超过 2%，此时可把损失质量加在混合类中，若超过 2% 时则重新进行实验；

（5）以称取的样品质量为基准，计算各组分质量分数。

表 15-1　垃圾焚烧炉渣物理组成分类一览表

序号	类别	说明
1	金属	废弃的金属、金属制品
2	玻璃	废弃的玻璃、玻璃制品
3	陶瓷	陶瓷制品、碎片
4	熔渣	烧结残渣
5	未燃尽物质	木头、织物、塑料等未燃尽物质
6	砖头	砖块碎片
7	石头	砾石、石块碎片
8	水泥块	破碎的水泥块、混凝土块
9	混合类	粒径小于 10 mm、难分拣的物质

（三）粒径分布测试

（1）取 3 份（平行样，每份 400 g 左右）已烘干、未破碎的垃圾焚烧炉渣样品，称量其质量；

（2）套筛从上到下按孔径由大到小顺序叠好，并装上筛底，在振动筛分机上，将称好的炉渣样品倒入最上层筛子，加上筛盖；

（3）开启振动筛分机，筛分 10 min 后停止，依次将每层筛子取下；

（4）收集筛上和底盘中炉渣样品，分别称量其质量，检查筛上物和筛底炉渣质量总和与称取的样品质量，相差不应超过 2%，此时可把损失的质量加在最细粒级中；若误差超过 2% 时则重新进行实验；

（5）以称取的样品质量为基准，计算各粒级质量分数。

八、实验结果整理和数据处理要求

（一）实验结果记录

热灼减率、物理组成及粒径分布实验记录表见表 15-2～表 15-4。

表 15-2　热灼减率实验记录表

坩埚序号	灼烧前质量/kg			灼烧后质量/kg				热灼减率/%
	空坩埚	坩埚+炉渣	炉渣	坩埚+炉渣第一次	坩埚+炉渣第二次	坩埚+炉渣平均	炉渣	
1								
2								
3								

表 15-3　物理组成实验记录表

样品 1 称取质量：_____g；样品 2 称取质量：_____g；样品 3 称取质量_____g

样品或组分	样品质量/g			组分质量分数/%		
	样品 1	样品 2	样品 3	样品 1	样品 2	样品 3
金属						
玻璃						
陶瓷						
熔渣						
未燃尽物质						
砖头						
石头						
水泥块						
混合类						
组分合计						

表 15-4　粒径分布实验记录表

样品 1 称取质量：_____g；样品 2 称取质量：_____g；样品 3 称取质量_____g

筛孔尺寸/mm	筛上物质量/g			筛上物质量分数/%			筛上物累积质量分数/%		
	样品 1	样品 2	样品 3	样品 1	样品 2	样品 3	样品 1	样品 2	样品 3
60									
40									
20									
10									

筛孔尺寸	筛上物质量/g			筛上物质量分数/%			筛上物累积质量分数/%		
/mm	样品 1	样品 2	样品 3	样品 1	样品 2	样品 3	样品 1	样品 2	样品 3
5									
2									
1									
0.5									
0.25									
0.074									
0									

（二）实验数据处理

（1）根据炉渣物理组成测试各组分质量之和，粒径分布测试各粒级炉渣质量之和，与称取炉渣物料的质量，计算物理组成和粒径分布测试过程的损失率；

（2）计算炉渣热灼减率、物理组成和粒径分布的平均值与标准偏差，分析并剔除实验数据中的异常值（方法参见附录三第三节）；

（3）绘图展示炉渣物理组成（饼图或柱状图）；

（4）绘图展示炉渣粒径分布曲线（筛上物累积分布曲线 R，频率分布曲线 P（线度 Δd 取 0.5 mm），计算平均粒径 D_{50}（50%颗粒通过的粒径，mm），根据 D_{60}（60%颗粒通过的粒径，mm）、D_{10}（10%颗粒通过的粒径，mm）计算均匀度 C_u（$=D_{60}/D_{10}$）。

九、注意事项和建议

（1）注意实验仪器的正常安全操作；

（2）实验均设置 3 个平行样测定。

十、思考题

（1）人工分拣测试炉渣物理组成的实验结果精度，有哪些影响因素？

（2）筛分所测得的粒径分布决定于哪些因素？如何减小误差？

（3）不同试样量对热灼减率测试结果可能产生什么影响？

（4）不同筛分粒径对热灼减率测试结果可能产生什么影响？

十一、主要参考文献

［1］何品晶. 固体废物处理与资源化技术［M］. 北京：高等教育出版社，2011：283-284.

［2］生态环境部. 固体废物　热灼减率的测定　重量法：HJ 1024—2019［S］. 北京：中国环境出版集团，2019.

［3］王妍，张成梁，苏昭辉，等. 城市生活垃圾焚烧炉渣的特性分析［J］. 环境工程，2019，37（7）：172-177.

实验十六　飞灰消解和重金属测试

（实验学时：4 学时；编写人：章骅、何品晶；

编写单位：同济大学）

一、实验目的

（1）掌握固体废物消解原理；

（2）比较飞灰不同消解方法；

（3）了解电感耦合等离子体发射光谱仪（ICP）测试原理，及钡、镉、铬、铜、镍、锌、铅的测定方法；或了解原子吸收分光光度计（AAS）的测试原理，及铅和锌的测定方法。

二、实验基本要求

（1）预习《固体废物处理与资源化技术》第二章固体废物性质分析、第六章固体废物热化学处理相关章节；

（2）预习实验室使用强酸等腐蚀剂的安全规则；

（3）预习电感耦合等离子体发射光谱仪或原子吸收分光光度计测试原理。

三、实验原理

利用氧化性和腐蚀性酸试剂消解固体废物，破坏分解固体废物中的有机物和矿物晶格，使其中的待测重金属元素溶解进入溶液。本实验采用 HNO_3 消解和 $HCl/HNO_3/HF/HClO_4$ 消解这两种不同剧烈程度的消解方法，比较飞灰（生活垃圾焚烧飞灰或污泥焚烧飞灰）重金属含量测试结果。

原子吸收分光光度计利用待测元素的基态原子蒸汽选择性吸收特征谱线的原理进行重金属分析。

电感耦合等离子体发射光谱仪通过等离子体火炬使样品中的待测元素气化、电离成激发态原子和离子，利用这些激发态粒子回到稳定基态时会辐射一定强度特征谱线的原理进行重金属分析。

四、课时安排

（1）理论课时安排：0.5 学时，讲授飞灰中重金属来源、消解原理、消解过程安全注意事项；

（2）实验课时安排：3.5 学时。若采用原子吸收分光光度计测试时，可以选择仅测试 Pb 和 Zn 两种元素。

五、实验材料

（一）试剂

（1）优级纯浓硝酸；

（2）优级纯浓盐酸；

（3）优级纯高氯酸；

（4）优级纯氢氟酸；

（5）去离子水；

（6）重金属标准系列溶液（重金属参考浓度为 $0 \ mg \cdot L^{-1}$、$1 \ mg \cdot L^{-1}$、$2 \ mg \cdot L^{-1}$、$5 \ mg \cdot L^{-1}$、$10 \ mg \cdot L^{-1}$，可根据元素浓度情况相应调整）。

（二）器皿

（1）50 mL 聚四氟乙烯坩埚：8 个/组；

（2）50 mL 玻璃容量瓶：4 只/组；

（3）250 mL 玻璃容量瓶：1 只/组；

（4）5 mL 移液管：4 支/组；

（5）针头式过滤器：8 个/组；

（6）50 mL 或 100 mL 塑料试剂瓶：8 只/组。

（三）样品

干燥后的垃圾焚烧飞灰或污泥焚烧飞灰，若粒径≤0.15 mm，可直接使用；若粒径>0.15 mm，则研磨后全部过孔径为 0.15 mm（100 目）的标准筛备用。

六、实验装置

（1）电子天平：量程 100 g，感量 0.000 1 g；

（2）温控电热板或消解仪：控温精度±2 ℃；

（3）电感耦合等离子体发射光谱仪或原子吸收分光光度计。

七、实验步骤和方法

（一）试剂配制

取 2.5 mL 浓硝酸，用去离子水稀释定容至 250 mL，配制成 1%（V/V）硝酸溶液。

（二）样品的消解

1. 用 HCl/HNO$_3$/HF/HClO$_4$ 消解

（1）称取 3 份 0.1~0.2 g（精确至 0.000 1 g）已知含水率的飞灰（生活垃圾焚烧飞灰，或污泥焚烧飞灰）样品，分别置于 3 个聚四氟乙烯坩埚中，并取 1 个空的聚四氟乙烯坩埚，不加飞灰样品，后续消解过程与其他坩埚一致，作为空白样；

（2）在通风橱中，向坩埚中加入 1 mL 去离子水湿润飞灰，加入 5 mL 浓盐酸，置于电热板（消解仪）上以 180~200 ℃加热至近干，取下稍冷；

（3）加入 5 mL 浓硝酸、5 mL 氢氟酸、3 mL 高氯酸，加盖后在电热板（消解仪）以 180 ℃加热 1 h，开盖后继续加热，并经常摇动坩埚；

（4）当加热至冒浓白烟时，加盖使坩埚壁上的黑色有机碳化物分解，待黑色有机物消失后开盖，驱赶白烟并蒸至内容物呈黏稠状；

（5）取下坩埚稍冷，加入 2 mL 1%（V/V）的硝酸溶液温热溶解可溶性残渣，冷却后全部转移至 50 mL 容量瓶中，用适量 1%（V/V）的硝酸溶液淋洗坩埚，将淋洗液全部转移至容量瓶中，用 1%（V/V）的硝酸溶液定容至标线，混匀后倒入试剂瓶待测。

2. 用 HNO$_3$ 消解

（1）称取 3 份 0.1~0.2 g（精确至 0.000 1 g）已知含水率的飞灰（生活垃圾焚烧飞灰，或污泥焚烧飞灰）样品，分别置于 3 个聚四氟乙烯坩埚中，并取 1 个空的聚四氟乙烯坩埚，不加飞灰样品，后续消解过程与其他坩埚一致，作为空白样；

（2）在通风橱中，向坩埚中加入 1 mL 去离子水湿润飞灰，加入 15 mL 浓硝酸，加盖后在电热板（消解仪）以 180 ℃加热 2 h；

（3）开盖后继续加热，至余液为 2 mL 左右；

（4）取下坩埚稍冷，加入 2 mL 1%（V/V）的硝酸溶液温热溶解可溶性残渣，冷却后全部转移至 50 mL 容量瓶中，用适量 1%（V/V）的硝酸溶液淋洗坩埚，将淋洗液全部转移至容量瓶中，用 1%（V/V）的硝酸溶液定容至标线，混匀后倒入试剂瓶待测。

（三）重金属测试

（1）取 10 mL 待测消解液，用针头式过滤器过滤，置于电感耦合等离子体发射光谱仪/原子吸收分光光度计的样品瓶中；

（2）用 1%（V/V）的硝酸溶液冲洗系统，待分析信号稳定后，开始测试；

（3）测试重金属标准系列溶液（从小到大）中元素的强度/吸光度，绘制标准曲线；

（4）测试消解试样中元素的强度/吸光度，若待测元素浓度超过标准曲线范围，试样需稀释后重新测定。

八、实验结果整理和数据处理要求

（一）实验结果记录

消解及重金属测试实验记录表见表 16-1 和表 16-2。

表 16-1　消解实验记录表

样品名称	坩埚编号	样品质量/g	消解方法	消解液定容体积/mL	试剂瓶编号
	X-1	0	HCl/HNO$_3$/HF/HClO$_4$		X-1
	X-2		HCl/HNO$_3$/HF/HClO$_4$		X-2
	X-3		HCl/HNO$_3$/HF/HClO$_4$		X-3
	X-4		HCl/HNO$_3$/HF/HClO$_4$		X-4
	X-5	0	HNO$_3$		X-5
	X-6		HNO$_3$		X-6
	X-7		HNO$_3$		X-7
	X-8		HNO$_3$		X-8

注：X 为小组编号。

表 16-2　重金属测试实验记录表

溶液编号	稀释倍数	元素 1 浓度 /(mg·L^{-1})	元素 2 浓度 /(mg·L^{-1})	元素 3 浓度 /(mg·L^{-1})	元素 4 浓度 /(mg·L^{-1})	元素 5 浓度 /(mg·L^{-1})	……	备注
S-1	1							标液
S-2	1							标液
S-3	1							标液

溶液编号	稀释倍数	元素1浓度/(mg·L⁻¹)	元素2浓度/(mg·L⁻¹)	元素3浓度/(mg·L⁻¹)	元素4浓度/(mg·L⁻¹)	元素5浓度/(mg·L⁻¹)	……	备注
S-4	1							标液
S-5	1							标液
X-1								空白
X-2								样品
X-3								样品
X-4								样品
X-5								空白
X-6								样品
X-7								样品
X-8								样品

注：X 为小组编号。

（二）实验数据处理

（1）按式（16-1）计算重金属含量，并计算平均值和标准偏差。

$$\omega_{i,j} = \frac{(p_{i,j} - p_{0,j}) \times V_i}{m_i} \qquad (16\text{-}1)$$

式中：$\omega_{i,j}$——飞灰样品 i 中重金属 j 元素的含量，mg·kg⁻¹；

$p_{i,j}$——飞灰样品 i 的消解液中重金属 j 元素的浓度，mg·L⁻¹；

$p_{0,j}$——空白消解液中重金属 j 元素的浓度，mg·L⁻¹；

V_i——飞灰样品 i 消解定容后的体积，mL；

m_i——飞灰样品 i 的质量，g。

（2）分析并剔除实验数据中的异常值（方法参见附录三第三节）。

九、注意事项和建议

（1）$HCl/HNO_3/HF/HClO_4$ 消解和 HNO_3 消解可同时进行；

（2）实验中所使用的所有容器需清洗干净后，用10%热硝酸荡涤，再用自来水冲洗，最后用去离子水冲洗；

（3）如果测定样品中某些元素含量过高，则应停止分析，待将样品稀释后，继续分析；

（4）移取强酸时注意安全。

十、思考题

（1）比较两种消解方法的消解效果，分析造成差异的原因。

（2）查询文献中相同类型飞灰的重金属含量范围，并与本实验飞灰测试结果比较。

（3）比较飞灰中不同重金属元素之间的含量差异，分析焚烧原料（生活垃圾或污泥）中这些元素含量、元素挥发特性等对这些元素迁移至焚烧飞灰的影响。

十一、主要参考文献

［1］何品晶. 固体废物处理与资源化技术［M］. 北京：高等教育出版社，2011：283-284.

［2］环境保护部. 固体废物　22 种金属元素的测定　电感耦合等离子体发射光谱法：HJ 781—2016［S］. 北京：中国环境科学出版社，2016.

［3］Yu S, Zhang H, Lü F, et al. Flow analysis of major and trace elements in residues from large-scale sewage sludge incineration［J］. Journal of Environmental Sciences, 2021, 102, 99-109.

实验十七　垃圾焚烧灰渣浸出毒性

（实验学时：4 学时；编写人：章骅、何品晶；

编写单位：同济大学）

一、实验目的

（1）掌握固体废物浸出毒性测试方法；

（2）学习电感耦合等离子体发射光谱仪（ICP）原理，及钡、镉、铬、铜、镍、铅、锌的测定方法。

二、实验基本要求

（1）预习《固体废物处理与资源化技术》第二章中固体废物浸出毒性概念；

（2）预习《固体废物处理与资源化技术》第六章中垃圾焚烧灰渣性质；

（3）预习电感耦合等离子体发射光谱仪原理。

三、实验原理

垃圾焚烧灰渣等固体废物在堆存、填埋或利用时，如与下渗的雨水或渗滤液等接触，其中的部分可溶物质会溶解，并随液相进入地表或地下水体。若固体废物中含有较多的可溶重金属或有毒害性有机物等污染成分，就会对水体和土壤产生二次污染，危害水生动植物及人类的健康。

作为对废物潜在毒性评价的一种手段，浸出毒性测试是通过模拟特定的处理处置环境条件，使固体废物与特定的浸取剂充分接触，评价污染元素释放产生危害可能性的实验方法。其中，标准浸出测试或称达标浸出测试（regulatory leaching test or compliance leaching test）方法，根据浸出液中的污染物（重金属、有机污染物等）浓度与设定的标准限值比较，判别废物是否属于危险废物、是否符合填埋场进场标准，或用于评估废物处理前后的浸出毒性变化等，通常固定液固比、浸取时间和浸取剂，并规定废物的最大粒径。

浸出特性测试（characterization leaching test）是通过系列平衡浸出（如不同的浸取剂 pH、液固比等），或基于浸出速率（块状废物表面浸出）和渗透（如颗粒/粉末状废物浸出）的动态浸出，模拟固体废物及其处理产物在处理处置或利用环境条件下可能的浸出行为。

本实验选择 2 种达标浸出测试和 1 种浸出特性测试方法，具体如下：

《固体废物　浸出毒性浸出方法　硫酸硝酸法》（HJ/T 299—2007）（以下简称 HJ/T 299）：本方法以硫酸/硝酸混合溶液为浸取剂，模拟废物在不规范的填埋处置、堆存，或经无害化处理后废物的土地利用时，其中的重金属有害组分在酸性降水的影响下，从废物中浸出而进入环境的过程。

美国国家环境保护局浸出毒性测试程序（TCLP）：本方法以醋酸缓冲溶液为浸取剂，模拟工业固体废物与城市生活垃圾共填埋处置条件下，其中的重金属有害组分在填埋场渗滤液的影响下，从废物中浸出向地下水渗滤的过程。

pH 相关浸出测试方法：本方法以不同浓度的盐酸或硝酸溶液为浸取剂，观测废物在不同浸出液 pH 环境条件下，其中的重金属有害组分从废物中浸出而进入环境的行为，分析浸出液 pH 对重金属浸出行为的影响。

HJ/T 299 和 TCLP 标准浸出测试方法，采用的浸取时间为 18±2 h，而 pH 相关浸出测试方法采用的浸取时间一般为 24~48 h，使浸出过程达到平衡。考虑到生活垃圾焚烧飞灰和炉渣能在较短时间内达到浸出平衡，且实验课时所限，本课程实验中采用 30 min 的快速浸出。

四、课时安排

（1）理论课时安排：1 学时，讲授标准浸出测试和浸出特性测试方法原理和实验步骤。

（2）实验课时安排：3 学时。HJ/T 299 和 TCLP 标准浸出测试各需 1 学时，可同时进行；pH 相关浸出测试需 2 学时。

五、实验材料

（一）试剂

（1）优级纯浓硝酸、浓硫酸、冰醋酸，去离子水；

（2）硫酸/硝酸混合浸取剂：将质量比为 2∶1 的浓硫酸和浓硝酸混合液加入去离子水（1 L 水约 2 滴酸混合液）中，使 pH 为 3.20±0.05；

（3）Ⅰ号醋酸缓冲溶液浸取剂：加 5.7 mL 冰醋酸至 500 mL 去离子水中，加入 64 mL 浓度为 1 mol·L^{-1}的氢氧化钠溶液，用去离子水稀释至 1 L，配置后溶液的 pH 为 4.93±0.05；

（4）Ⅱ号醋酸缓冲溶液浸取剂：用去离子水将 5.7 mL 冰醋酸稀释至 1 L，配置后溶液的 pH 为 2.88±0.05；

（5）硝酸浸取剂：用浓硝酸配置浓度为 0.0 mol·L⁻¹、0.2 mol·L⁻¹、0.4 mol·L⁻¹、0.6 mol·L⁻¹、0.8 mol·L⁻¹、1.0 mol·L⁻¹、1.2 mol·L⁻¹、1.5 mol·L⁻¹ 的硝酸溶液；

（6）ICP 混合标准储备液。

（二）器皿

（1）提取瓶：1 L 具旋盖和内盖的广口塑料瓶 4 只/组，200 mL 具旋盖和内盖的广口塑料瓶 8 只/组；

（2）容量瓶：1 L 容量瓶 2 只/组，100 mL 容量瓶 1 只/组；

（3）100 mL 量筒：1 只/组；

（4）100 mL 塑料样品瓶：12 只/组；

（5）移液管：10 mL 移液管 3 支/组，1 mL 移液管 1 支/组；

（6）布氏漏斗：φ100 mm 布氏漏斗 2 个/组，φ60 mm 布氏漏斗 2 个/组；

（7）φ100 mm 和 φ60 mm 的 φ0.6~0.8 μm 微孔滤膜若干；

（8）塑料取样勺：2 个/组；

（9）过滤瓶：1 L 过滤瓶 4 只/组，200 mL 过滤瓶 4 只/组；

（10）滴定管：4 支/组；

（11）坩埚：3 个/组。

（三）样品

（1）生活垃圾焚烧飞灰：300 g/组；

（2）生活垃圾焚烧炉渣：200 g/组。

六、实验装置

（1）9.5 mm 和 300 μm 孔径筛；

（2）电子天平：量程 1 000 g，感量 0.01 g；

（3）翻转式振荡器：转速 30±2 r·min⁻¹；

（4）破碎仪：能将物料破碎至粒径 300 μm 以下；

（5）真空过滤装置：极限真空≤20 Pa；

（6）pH 计：25 ℃时，精度±0.05；

（7）电感耦合等离子体发射光谱仪。

七、实验步骤和方法

（一）含水率测定

称取 20~30 g 飞灰或炉渣样品（3 份）置于坩埚中，105 ℃下烘干，恒重至两次称量值的误差小于±1%，计算样品含水率。建议由实验教师预先完成。

（二）样品破碎

用于 HJ/T 299 和 TCLP 标准浸出测试的样品：飞灰粒径小，无须破碎；炉渣过 9.5 mm 孔径的筛，筛上物剔除金属后用破碎仪破碎，使其全部过筛。

用于 pH 相关浸出测试的样品：粒径应<300 μm，粒径大的颗粒（筛上物）可通过破碎降低粒径使其过筛。

（三）浸出测试程序

1. **固体废物　浸出毒性浸出方法　硫酸硝酸法（HJ/T 299—2007）**

称取 80~90 g 飞灰或炉渣样品，置于 1 L 提取瓶中，根据样品的含水率，按液固比为 10 L·kg^{-1}，计算出所需浸取剂体积并加入提取瓶。盖紧瓶盖后固定在翻转式振荡器上，调节转速为 30±2 r·min^{-1}，23±2 ℃下振荡 30 min。振荡过程中若有气体产生，可取下提取瓶，在通风橱中打开释放过度压力后再固定在翻转式振荡器。在真空过滤装置上装好过滤瓶、布氏漏斗和滤膜，真空抽滤并收集滤液，测试 pH，取 100 mL 装于塑料样品瓶中，用 1 mL 硝酸酸化至 pH<2，于 4 ℃下保存待测。

2. **美国国家环境保护局浸出毒性测试程序（TCLP）**

称取 40~45 g 飞灰或炉渣样品，置于 1 L 提取瓶中，根据样品的含水率，按液固比为 20 L·kg^{-1}，计算出所需浸取剂体积并加入提取瓶。盖紧瓶盖后固定在翻转式振荡器上，调节转速为 30±2 r·min^{-1}，23±2 ℃下振荡 30 min。振荡过程中若有气体产生，可取下提取瓶，在通风橱中打开释放过度压力后再固定在翻转式振荡器。在真空过滤装置上装好过滤瓶、布氏漏斗和滤膜，真空抽滤并收集滤液，测试 pH，取 100 mL 装于塑料样品瓶中，用 1 mL 硝酸酸化至 pH<2，于 4 ℃下保存待测。

3. **pH 相关浸出测试方法**

各取 10 g 飞灰于 200 mL 提取瓶中，根据样品的含水率，按液固比为 10 L·kg^{-1}，计算出所需浸取剂体积，分别加入一定体积、不同浓度的硝酸溶液，硝酸浓度从 0.0 至 1.5 mol·L^{-1}。将提取瓶固定于翻转式振荡器上，调节转速为 30±2 r·min^{-1}，23±2 ℃下振荡 30 min。振荡过程中若有气体产生，可取下提取瓶，在通风橱中打开释放过度压力后再固定在翻转式振荡器。在真空过滤装置上装好过滤瓶、布氏漏斗和滤膜，真空抽滤并收集滤液，测试 pH 后装于塑料样品瓶中，于 4 ℃下保存待测。

（四）重金属测试

浸出液消解：取 50 mL 浸出液，加 5 mL 浓硝酸溶液，加盖在消解仪中消解 2 h。开盖蒸发至 5 mL 左右，随后转移至 50 mL 容量瓶，用去离子水定容至 50 mL，置于 ICP 专用试管待测。

标准溶液配制：吸取 ICP 混合标准储备液（各重金属浓度为100 mg·L^{-1}）0.00 mL（空白溶液）、0.10 mL、0.20 mL、0.30 mL 和 0.50 mL 于 50 mL 容量瓶中，用 5%硝酸溶液定容、摇匀。

样品测定：在仪器最佳工作参数条件下，按照仪器使用说明中的有关规定，测试样品和浸出空白中的重金属浓度。

八、实验结果整理和数据处理要求

（一）实验结果记录

将实验结果分别记录于表 17-1 和表 17-2。

表 17-1　浸出实验记录表

样品名称	浸出方法	提取瓶编号	样品质量/g	浸取剂体积/mL	浸出液 pH	消解液编号
飞灰	HJ/T 299	X-H1				X-H1
炉渣	HJ/T 299	X-H2				X-H2
飞灰	TCLP	X-T1				X-T1
炉渣	TCLP	X-T2				X-T2
飞灰	pH-0.0	X-P1				X-P1
飞灰	pH-0.2	X-P2				X-P2
飞灰	pH-0.4	X-P3				X-P3
飞灰	pH-0.6	X-P4				X-P4
飞灰	pH-0.8	X-P5				X-P5
飞灰	pH-1.0	X-P6				X-P6
飞灰	pH-1.2	X-P7				X-P7
飞灰	pH-1.5	X-P8				X-P8

注：X 为小组编号。

表 17-2　重金属测试实验记录表

溶液编号	稀释倍数	元素 1 浓度 /(mg·L⁻¹)	元素 2 浓度 /(mg·L⁻¹)	元素 3 浓度 /(mg·L⁻¹)	元素 4 浓度 /(mg·L⁻¹)	元素 5 浓度 /(mg·L⁻¹)	……	备注
S-1	1							标液
S-2	1							标液
S-3	1							标液
S-4	1							标液
S-5	1							标液
X-HB								空白
X-H1								样品
X-H2								样品
X-TB								空白
X-T1								样品
X-T2								样品
X-P1B								空白
X-P2B								空白
X-P3B								空白
X-P4B								空白
X-P5B								空白
X-P6B								空白
X-P7B								空白
X-P8B								空白
X-P1								样品
X-P2								样品
X-P3								样品
X-P4								样品
X-P5								样品
X-P6								样品

续表

溶液编号	稀释倍数	元素1浓度 /(mg·L⁻¹)	元素2浓度 /(mg·L⁻¹)	元素3浓度 /(mg·L⁻¹)	元素4浓度 /(mg·L⁻¹)	元素5浓度 /(mg·L⁻¹)	……	备注
X-P7								样品
X-P8								样品
⋮								样品

注：X 为小组编号。

（二）实验数据处理

（1）计算飞灰和炉渣样品中重金属元素的浸出浓度（需扣除浸出空白的元素浓度；如果样品在测定之前进行了富集或稀释，则应将测定结果除以或乘以1个相应的倍数；测定结果最多保留三位有效数字，单位以 mg·L⁻¹计）；

（2）计算重金属浸出浓度平均值和标准偏差（采用同批次所有实验小组的测试结果）；

（3）分析并剔除实验数据中的异常值（见附录三第三节）。

九、注意事项和建议

（1）单组进行浸出测试时，不设平行样，同批次所有实验小组的测试结果作为平行样；

（2）同批次设置至少2个浸出空白（可由实验教师辅助完成，或安排一组学生做浸出空白实验），除了不含样品外，其余步骤相同；

（3）实验中所使用的所有容器需清洗干净后，用10%热硝酸荡涤，再用自来水冲洗，最后用去离子水冲洗；

（4）如果测定样品中某些元素含量过高，则应停止分析，待将样品稀释后，继续分析。

十、思考题

（1）影响垃圾焚烧灰渣重金属浸出的因素有哪些？试分析其影响机理。

（2）影响测定误差的主要因素有哪些？应如何减少测定误差？

（3）为什么重金属测试结果建议只保留三位有效数字？

（4）比较不同浸出程序的测试结果，试分析造成结果差异的原因，并讨论对固体废物处理处置决策的意义。

（5）将 HJ/T 299 和 TCLP 浸出结果分别与我国和美国危险废物浸出毒性鉴别标准中重金属限值比较，鉴别本次测试的飞灰和炉渣是否属于危险废物。

十一、主要参考文献

［1］何品晶. 固体废物处理与资源化技术［M］. 北京：高等教育出版社，2011：283-284，335-346.

［2］何品晶. 城市垃圾处理［M］. 北京：中国建筑工业出版社，2015：320-324.

［3］国家环境保护总局. 固体废物　浸出毒性浸出方法　硫酸硝酸法：HJ/T 299—2007［S］. 北京：中国环境科学出版社，2007.

［4］United States Environmental Protection Agency. Method 1311 Toxicity characteristic leaching procedure［S］. Washington DC：United States Environmental Protection Agency，1992.

实验十八　含重金属固体废物的粉煤灰固化/稳定化

（实验学时：4~6 学时；编写人：乔秀臣；

编写单位：华东理工大学）

一、实验目的

（1）加深理解含重金属固体废物的固化/稳定化工艺；

（2）掌握固体废物浸出毒性测试方法；

（3）了解电感耦合等离子体发射光谱仪（ICP）或原子吸收分光光度计（AAS）原理，及铜、锌的测定方法；

（4）掌握浸出毒性在危险废物鉴别、固体废物固化/稳定化处理效果评估和固体废物环境影响评价中的应用。

二、实验基本要求

（1）预习固体废物浸出毒性概念；

（2）预习《固体废物处理与资源化技术》第七章，固体废物固化/稳定化技术与效果评价；

（3）了解标准《固体废物　浸出毒性浸出方法　醋酸缓冲溶液法》（HJ/T 300—2007）和《固体废物　浸出毒性浸出方法　硫酸硝酸法》（HJ/T 299—2007）应用领域的区别。

三、实验原理

将含重金属固体废物与粉煤灰、水泥、氢氧化钙（熟石灰）和水混合，水泥与水发生如式（18-1）~式（18-4）所示的反应，粉煤灰与熟石灰或水泥水化产物 $[Ca(OH)_2]$ 发生如式（18-5）所示的反应，重金属与 $Ca(OH)_2$ 反应生成氢氧化物沉淀（这是一个稳定化的过程），被反应 [式（18-1）~式（18-5）] 的产物包裹，混合物形成具有一定强度的固化体（这是一个固化的过程），降低重金属迁移性从而实现含重金属固体废物的固化/稳定化。此外，重金属离子还会进入式（18-1）~式（18-5）所示反应的产物晶格间隙而被固定。反应［式（18-1）~式（18-5）］随着时间延长，反应程度增加，所形成的反应产物量增加，从而提高固化产物的强度，降低其孔隙率，实现对重金属更有效的固化/稳定化。需要指出的是，式（18-1）~式（18-5）中的反应产物会随着体系中钙的缺失（如：被流水冲蚀、酸溶等）而分解。

$$2(3CaO \cdot SiO_2)+6H_2O \longrightarrow 3CaO \cdot 2SiO_2 \cdot 3H_2O+3Ca(OH)_2 \quad (18-1)$$

$$2(2CaO \cdot SiO_2)+4H_2O \longrightarrow 3CaO \cdot 2SiO_2 \cdot 3H_2O+Ca(OH)_2 \quad (18-2)$$

$$3CaO \cdot Al_2O_3+Ca(OH)_2+12H_2O \longrightarrow 4CaO \cdot Al_2O_3 \cdot 13H_2O \quad (18-3)$$

$$4CaO \cdot Al_2O_3 \cdot 13H_2O+3(CaSO_4 \cdot 2H_2O)+14H_2O \longrightarrow$$
$$3CaO \cdot Al_2O_3 \cdot 3CaSO_4 \cdot 32H_2O+Ca(OH)_2 \quad (18-4)$$

$$2(xAl_2O_3 \cdot 2SiO_2)+7Ca(OH)_2+yH_2O \longrightarrow$$
$$3CaO \cdot 2SiO_2(aq)+2(2CaO \cdot xAl_2O_3 \cdot SiO_2)(aq)+(7+y)H_2O \quad (18-5)$$

四、课时安排

（1）理论课时安排：0.5 学时，讲授实验原理和步骤，分组安排；

（2）实验课时安排：3.5~5.5 学时。适合同时安排 8 组，每组 3~4 人。8 组学生分为 2 批进行。为合理利用实验资源，每批人员时间（以 13：30—17：00 为例）安排建议如表 18-1 所示。

表 18-1　建议实验时间安排*

编号	第一批	第二批
步骤（1~4）	16：00—17：00	13：30—14：30
步骤（5~7）	13：30—14：30	14：30—15：30
步骤（8~9）	14：30—16：00	15：30—17：00

*因课时所限，在步骤 4 中，学生将制备好的固化/稳定化样品连同模具置于高压养护釜中即可，10 h 养护完成后，由实验教师取出；在步骤 5 含水率测试中，实验教师提前称量初始样品的质量并将样品置于烘箱，学生称量烘干后样品的质量并计算含水率。

五、实验材料

（一）试剂与原料

（1）粉煤灰：1 000 g/组；

（2）42.5 级普通硅酸盐（P.O）水泥：150 g/组；

（3）分析纯氢氧化钙，分析纯 38% 盐酸，分析纯氢氧化钠，优级纯冰醋酸，分析纯氯化铜，分析纯氯化锌，药用级凡士林，去离子水。

（二）器皿

（1）10 mL 和 50 mL 移液管：各 1 支/组；

（2）容量瓶：250 mL 容量瓶 15 只/组，1 000 mL 容量瓶 1 只/组；

（3）500 mL 量筒：1 只/组；

（4）2 000 mL 聚四氟乙烯提取瓶：3 只/组；

（5）150 mL 和 500 mL 烧杯：各 1 只/组；

（6）表面皿（直径大于 13 cm）：1 个/组；

（7）有聚四氟乙烯涂层的 9.5 mm 方孔径筛：1 个/组；

（8）0.45 μm 针头式过滤器（水系）：15 只/组；

（9）10 mL 一次性注射器：15 支/组；

（10）水泥胶砂刮平尺：1 把/组；

（11）取样铲：1 把/组；

（12）牛角药匙：1 把/组；

（13）80 mm 称量纸若干；

（14）抹布：2 条/组；

（15）304 不锈钢榔头：1 把/组。

（三）溶液与浸取剂

按照标准《固体废物　浸出毒性浸出方法　醋酸缓冲溶液法》（HJ/T 300—2007），用去离子水配制 1 mol·L^{-1} 盐酸溶液，1 mol·L^{-1} 氢氧化钠溶液；配制浸取剂 1（加 5.7 mL 冰醋酸至 500 mL 去离子水中，加 64.3 mL 浓度 1 mol·L^{-1} 的氢氧化钠溶液，稀释至 1 L，配置后的溶液 pH 应为 4.93±0.05）；配制浸取剂 2（用去离子水稀释 17.25 mL 冰醋酸至 1 L，配置后的溶液 pH 应为 2.64±0.05）。

六、实验装置

（1）pH 计：25 ℃时精度±0.02；

（2）电子天平：量程 100 g，感量 0.000 1 g；

（3）电子天平：量程 2 000 g，感量 0.01 g；

（4）砂浆搅拌机：搅拌锅容量 5 L；

（5）40 mm×40 mm×160 mm 钢模：1 个/组；

（6）高压养护釜：80 L，可在 120 ℃、0.2 MPa 下连续工作 10 h；

（7）颚式破碎机：入料粒度≤80 mm，出料粒度≤10 mm；

（8）翻转式振荡器：转速 30±2 r·min^{-1}；

（9）电热鼓风恒温干燥箱：最高使用温度 180~200 ℃，控温精度 ±1 ℃；

（10）小型混凝土振动台：参考《混凝土振动台》（GB/T 25650—2010），载荷 1 000 kg；

（11）电感耦合等离子体发射光谱仪（ICP）或原子吸收分光光度计（AAS）。

七、实验步骤和方法

实验流程如图 18-1 所示。

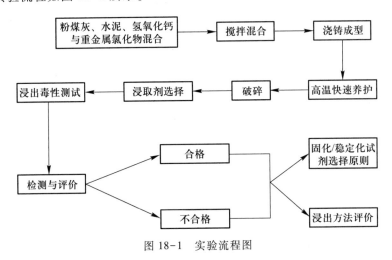

图 18-1　实验流程图

（1）分别称量氯化铜和氯化锌各 1.00 g±0.000 1 g，置于 500 mL 烧杯，加入 450 mL 去离子水溶解，作为重金属溶液（如果溶液配置后出现浑浊，可以滴加 1~2 滴 1+1 盐酸）。需要安排一组学生做空白实验，即不称量氯化铜与氯化锌，仅量取 450 mL 去离子水。

（2）将配置好的重金属溶液或空白样的去离子水倒入用湿布擦拭过的砂浆搅拌机中，按照操作规程启动砂浆搅拌机，搅拌并缓慢倒入 1 000 g±0.01 g 粉煤灰、200 g±0.01 g 氢氧化钙和 150 g±0.01 g 42.5 级 P.O 水泥，随后搅拌 270 s（以慢速搅拌 60 s 及快速搅拌 30 s 为一个循环，循环三次），得到混合均匀的固化/稳定化浆料。

（3）将搅拌好的浆料注入 40 mm×40 mm×160 mm 钢模，并置于垂直混凝土振动台上，使浆料在钢模中均匀分布（表面无孔），再用水泥胶砂刮平尺刮平浆料表面，多余的浆料置于专用废物箱中。模具准备参考《水泥胶砂强度检验方法（ISO 法）》（GB/T 17671—1999）关于"试模"的描述，在安装三联钢模型前，用少量凡士林均匀涂抹模型条块与底板接触面的外接缝，以防浆料水分渗透出模具；刮平方法参考《水泥胶砂强度检验方法（ISO 法）》（GB/T 17671—1999）关于"试件的制备"的描述。

（4）将装载浆料的模具置于高压养护釜中，在 120 ℃下连续养护 10 h（如果时间允许，可以先在室温下静置养护 3~6 h，再于 120 ℃下养护 10 h。如果直接在 120 ℃养护，由于水蒸气体积膨胀，会导致养护样品表层膨胀，但是不影响后续实验）。

（5）将高压养护过的钢模中的 1 个样品破碎，分别称量 3 个 50~100 g（±0.01 g）的平行样，并各自置于 150 mL 烧杯中（烧杯作相应标记），加盖表面皿，置于电热恒温鼓风干燥箱中 120 ℃下烘干 4 h，称重测试含水率，含水率取平均值作为下述计算基准。含水率测试结束后，需清洗 150 mL 烧杯并快速烘干用于后续实验。

（6）将高压养护过的钢模中的另外 2 个样品不经烘干，直接用不锈钢榔头手工破碎至符合破碎机入料粒度的要求，然后再利用颚式破碎机破碎至样品颗粒全部通过 9.5 mm 孔径的筛（也可以直接用不锈钢榔头破碎至全部小于 9.5 mm），分别称取 3 个 100~120 g（±0.1 g）的平行破碎样品，置于 150 mL 烧杯中，用保鲜膜覆盖防止水分损失。

（7）称取 5.0 g±0.01 g 步骤（6）制备的置于 150 mL 烧杯中的样品至 500 mL 烧杯中，加入 96.5 mL 去离子水，盖上表面皿，用磁力搅拌器猛烈搅拌 5 min，用 pH 计测定 pH，如果 pH<5.0，用浸取剂 1；如果 pH>5.0，加 3.5 mL 的 1 mol·L^{-1}盐酸，盖上表面皿，加热至 50 ℃，并在此温度下保持 10 min。将溶液冷却至室温，测定 pH，如果 pH<5.0，用浸取剂 1；如果 pH>5.0，用浸取剂 2。

（8）分别称取 3 个 75~100 g（±0.01 g）步骤（6）制备的置于 150 mL 烧杯中的样品，各自置于 2 L 提取瓶中，根据样品含水率，按液固比为 20∶1（L·kg^{-1}）计算出所需浸取剂的体积，加入步骤（7）确定的浸取剂，盖紧瓶盖后放入 12 头翻转振荡器上，调节转速为 30±2 r·min^{-1}，于 23±2 ℃下振荡 1 h，每隔 15 min 取样 1 次（取样前静置 1 min），每次用一次性注射器取样 20 mL，用 0.45 μm 针头式过滤器过滤，再准确移取 10 mL 定容到 50 mL，用 ICP 或 AAS 测试溶液中的铜、锌离子浓度。由于此处定容稀释了 5 倍，所以仪器测试结果要乘以 5 作为后续表格 18-3 中的填写数据。

（9）空白样分析：空白样测试组的浸出毒性数据平均值，作为其他实验组评价固化/稳定化效果的背景值。做空白样的分组，任选其他一组做固化/稳定化试样浸出毒性数据的平均值，开展固化/稳定化效果评价。

八、实验结果整理和数据处理要求

将实验结果分别记录于表 18-2 和表 18-3。

表 18-2　固化/稳定化试样的含水率

项目	试样 1	试样 2	试样 3	平均值	标准偏差
烘干前质量/g				—	—
烘干后质量/g				—	—
含水率/%					

表 18-3　铜和锌的浸出毒性测试结果与固化/稳定化效果评价

编号	铜/($mg \cdot L^{-1}$)					锌/($mg \cdot L^{-1}$)				
	0 min	15 min	30 min	45 min	60 min	0 min	15 min	30 min	45 min	60 min
1										
2										
3										
平均值										
标准偏差										
空白样平均值[①]										
固化/稳定化效果（合格/不合格）[①]										

注：① 对于做空白样的分组，此处应该任选其他组做固化/稳定化试样浸出毒性数据的平均值，开展固化/稳定化效果评价。

九、注意事项和建议

（1）实验过程中必须佩戴护目镜，穿实验服；不得穿短裤、裙子和凉、拖鞋；

（2）实验中使用的所有玻璃器具，均需在酸洗箱（10%硝酸溶液）中浸泡 24 h，取出后先经自来水冲洗，然后用去离子水润洗 6 次；

（3）用 ICP 或 AAS 测试过程中如果发现样品中某些金属元素含量过高，则应停止分析，待将样品稀释后，继续分析；

（4）溶液配置及所有实验步骤操作过程，均需佩戴丁腈橡胶手套；

（5）溶液配置均需在通风橱中操作；

（6）搅拌实验操作时需佩戴一次性口罩。

十、思考题

（1）粉煤灰为什么可以用于重金属固化/稳定化？

（2）为什么不同重金属的固化/稳定化效果不同？

（3）选择固化/稳定化试剂的原则是什么？

（4）实验中是否出现异常数据？如有，试分析其原因。

（5）分析实验各个环节影响固化/稳定化效果的因素及原因。

十一、主要参考文献

［1］何品晶. 固体废物处理与资源化技术［M］. 北京：高等教育出版社，2011：309-346.

［2］林宗寿. 水泥工艺学［M］. 2版. 武汉：武汉理工大学出版社，2012：147-151.

［3］乔秀臣，林宗寿，寇世聪，等. 重金属在废弃粉煤灰-水泥固化体系内的迁移［J］. 武汉理工大学学报，2005，27（10）：15-18.

［4］QiaoX C，Poon C S，Cheeseman C R. Transfer mechanisms of contaminants in cement-based stabilized/solidified wastes［J］. Journal of Hazardous Materials，2006，129（1-3）：290-296.

［5］Qiao X C，Poon C S，Cheeseman C R. Use of flue gas desulphurisation（FGD）waste and rejected fly ash in waste stabilization/solidification systems［J］. Waste Management，2006，26（2）：141-149.

［6］国家环境保护总局. 固体废物　浸出毒性浸出方法　硫酸硝酸法：HJ/T 299—2007［S］. 北京：中国环境科学出版社，2007.

［7］国家环境保护总局. 固体废物　浸出毒性浸出方法　醋酸缓冲溶液法：HJ/T 300—2007［S］. 北京：中国环境科学出版社，2007.

［8］中华人民共和国国家质量监督检验检疫总局. 混凝土振动台：GB/T 25650—2010［S］. 北京：中国标准出版社，2011.

［9］国家质量技术监督局. 水泥胶砂强度检验方法（ISO法）：GB/T 17671—1999［S］. 北京：中国标准出版社，1999.

实验十九　固体废物（钢渣）微晶玻璃熔融固化

（实验学时：3 学时；编写人：王松林、冯晓楠、李道圣、何品晶、章骅；编写单位：华中科技大学、同济大学）

一、实验目的

（1）了解熔融法制备钢渣微晶玻璃（以钢渣为主要原料，添加其他辅助原料）的过程；

（2）掌握维氏显微硬度的测试方法及测试前样品的处理过程；

（3）了解不同的热处理参数对钢渣微晶玻璃显微硬度的影响。

二、实验基本要求

（1）预习《固体废物处理与资源化技术》第七章相关内容，预习烧结、熔融概念；

（2）预习固体废物钢渣微晶玻璃的制备步骤；

（3）阅读碳硅棒高温电炉、显微硬度计的使用说明和注意事项；

（4）预习钢渣微晶玻璃硬度的影响因素。

三、实验原理

（一）钢渣微晶玻璃熔制的工艺流程

将钢渣和辅助原料按一定比例混合均匀，高温下熔融，浇铸成型。然后对玻璃进行热处理，得到微晶玻璃后进行显微硬度性能测试。具体熔制过程如图 19-1 所示。

（二）维氏显微硬度测试的具体方法

热处理后的微晶玻璃先进行磨样和抛光处理，使其表面平整光滑，然后在 HV-1000 型显微硬度计下测试维氏显微硬度。具体方法为：在荷载 200 g、作用时间 10 s 的条件下，维氏金刚石压头在每个样品上打 5 个点，根据点的压

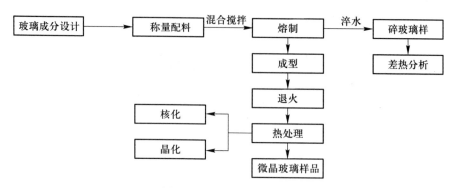

图 19-1 工艺流程示意图

痕算出 5 个显微硬度值，计算公式见式（19-1），取平均即为该样品的维氏显微硬度。维氏金刚石压头是将压头磨成正四棱锥体，其相对两面夹角为 136°，采用维氏金刚石压头打点时，其压痕深度约为对角线长度的 1/7。

$$HV = \frac{2F\sin\dfrac{\alpha}{2}}{d^2} = 1.854\ 4\ \frac{F}{d^2} \tag{19-1}$$

式中：HV——样品维氏显微硬度，$kgf \cdot mm^{-2}$；

  F——施加在试样上的实验力，kgf；

  α——金刚石压头相对面的夹角，136°；

  d——压痕对角线长的平均值，mm。

注：1 kgf ≈ 9.8 N

四、课时安排

（1）理论课时安排：0.5 学时，介绍固体废物钢渣微晶玻璃的实验目标、实验原理、基本要求、材料与装置、制备步骤和方法、显微硬度的测试方法，讲解实验安全操作规程要求和注意事项。

（2）实验课时安排：2.5 学时，学生进行钢渣微晶玻璃熔制实验操作和维氏显微硬度测试。基础玻璃和微晶玻璃制备过程因升温、降温程序耗时较长，若不方便分两次安排实验课时，建议授课教师预先制备好 10 个不同热处理制度得到的微晶玻璃样品，用于维氏显微硬度测试，并在实验课开始前完成基础玻璃的制备。学生在开展实验时，每组选择 1 种热处理制度，用已制备好的基础玻璃开展微晶玻璃制备实验；并用教师已制备好的微晶玻璃样品测试维氏显微硬度。

五、实验材料

（1）钢渣：152.0 g/组；

（2）硅石粉：116.0 g/组；

（3）刚玉粉：18.8 g/组；

（4）分析纯 Na_2CO_3：25.6 g/组；

（5）分析纯 TiO_2：7.6 g/组。

六、实验装置

（1）碳硅棒高温电炉：最高使用温度 1 400 ℃，控温精度±1 ℃；

（2）电子天平：量程 200 g，感量 0.000 1 g；

（3）马弗炉：最高使用温度 1 000~1 200 ℃，控温精度±1 ℃；

（4）制样粉碎机：装料质量 400 g/钵，进料粒度小于 25 mm；

（5）切割机：进刀速度 2.25~15 mm · min^{-1}；

（6）小型研磨抛光机：磨盘规格 ϕ380，转速 0~90 r · min^{-1}；

（7）显微硬度计：硬度测量范围 5~3 000 HV；

（8）电热恒温鼓风干燥箱：工作温度为室温+10~250 ℃，控温精度为±1 ℃。

七、实验步骤和方法

实验流程如图 19-2 所示。

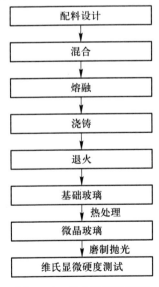

图 19-2　实验流程示意图

（一）配料

用电子天平称取各种相应质量的配料（钢渣：152.0 g，硅石粉：116.0 g，刚玉粉：18.8 g，Na_2CO_3：25.6 g，TiO_2：7.6 g，总量 320 g），然后用制样粉碎机混合均匀（物料要先烘干）。

（二）制备基础玻璃

将混合均匀的物料放入碳硅棒高温电炉中按一定的升温程序熔融，具体升温程序为：

（1）40 min：室温~400 ℃

（2）40 min：400 ℃~700 ℃

（3）40 min：700 ℃~900 ℃

（4）30 min：900 ℃~1 000 ℃

（5）60 min：1 000 ℃（保温 1 h）

（6）30 min：1 000 ℃~1 100 ℃

（7）30 min：1 100 ℃~1 200 ℃

（8）30 min：1 200 ℃~1 300 ℃

（9）30 min：1 300 ℃~1 350 ℃

（10）60 min：1 350 ℃（保温 1 h）

熔融完后进行浇铸，浇铸完成后，放入温度为 550 ℃的马弗炉中进行退火处理，从而得到基础玻璃。

（三）制备微晶玻璃

得到基础玻璃后再放入马弗炉中，通过不同的热处理制度得到 10 个微晶玻璃样品。10 个样品热处理制度（升温速率为 10 ℃·min^{-1}）具体如下：

	核化	晶化
1#	670 ℃保温 1 h	940 ℃保温 2 h
2#	700 ℃保温 1 h	940 ℃保温 2 h
3#	730 ℃保温 1 h	940 ℃保温 2 h
4#	700 ℃保温 1 h	900 ℃保温 2 h
5#	700 ℃保温 1 h	980 ℃保温 2 h
6#	700 ℃保温 1 h	940 ℃保温 1 h
7#	700 ℃保温 1 h	850 ℃保温 2 h
8#	700 ℃保温 2 h	920 ℃保温 2 h
9#	700 ℃保温 1 h	940 ℃保温 3 h
10#	700 ℃保温 1.5 h	900 ℃保温 2 h

（四）显微硬度的测试

用切割机、小型研磨抛光机对所得到的微晶玻璃进行切割、磨制，得到表面抛光过的微晶玻璃，进行维氏显微硬度的测试。

八、实验结果整理和数据处理要求

（一）实验结果记录

将实验结果记录于表 19-1。

表 19-1　不同热处理样品的显微硬度值

| 样品编号 | 热处理制度 | | | | 显微硬度值/MPa | | | | | |
	核化温度/℃	核化时间/h	晶化温度/℃	晶化时间/h	点 1	点 2	点 3	点 4	点 5	平均值
1										
2										
3										
4										
5										
6										
7										
8										
9										
10										

（二）实验数据处理

（1）显微硬度值取样品的平均维氏显微硬度；

（2）根据不同热处理样品的显微硬度值，绘制不同处理参数与显微硬度值的折线图。

九、注意事项和建议

（1）热处理后的微晶玻璃先进行磨样和抛光处理，使其表面光滑平整；

（2）在实验过程中注意仪器使用安全，避免烫伤和割伤。

十、思考题

（1）实验过程中哪些因素会影响微晶玻璃产物的品质？

（2）根据测得的显微硬度值，初步确定的最佳热处理参数是什么？

（3）钢渣的加入，对微晶玻璃的硬度有什么作用？

十一、主要参考文献

［1］何品晶. 固体废物处理与资源化技术［M］. 北京：高等教育出版社，2011：323−334.

［2］饶磊. 钢渣熔制微晶玻璃技术研究［D］. 武汉：华中科技大学，2007.

［3］李道圣，江文琛，张校申，等. 固体废物熔融固化教学实验研究［J］. 实验技术与管理，2010，27（2）：124−126.

［4］姚强，陆雷，江勤，等. 核化时间对钢渣微晶玻璃物理性能的影响［J］. 钢铁研究，2005，147（6）：30−33.

［5］Bernardo E, Castellan R, Hreglich S. Sintered glass-ceramics from mixtures of wastes［J］. Ceramics International，2007，33（1）：27−33.

［6］Pisciella P, Crisucci S, Karamanov A, et al. Chemical durability of glasses obtained by vitrification of industrial wastes［J］. Waste Management，2001，21（1）：1−9.

实验二十　污泥陶粒的制备及性能测试

（实验学时：4学时；编写人：岳钦艳、马德方；
编写单位：山东大学）

一、实验目的

（1）了解污泥、河道底泥、煤矸石等固体废物的资源化利用技术；

（2）了解污泥陶粒的制备工艺，加深对污泥热解炭化、烧结过程及其原理的认识；

（3）掌握污泥陶粒的膨胀原理，了解污泥陶粒膨胀的影响因素；

（4）掌握陶粒堆积密度、表观密度和吸水率的测定方法。

二、实验基本要求

（1）预习污泥、河道底泥的来源、组成和特性；

（2）预习污泥陶粒的烧制工艺流程；

（3）预习《固体废物处理与资源化技术》第六章和第七章相关内容，预习热解炭化、烧结技术及原理；

（4）预习并熟悉陶粒的膨胀原理及影响因素；

（5）预习轻集料及其试验方法［参考《轻集料及其试验方法　第2部分：轻集料试验方法》（GB/T 17431.2—2010）］，并熟悉陶粒堆积密度、表观密度和吸水率的测定方法；

（6）完成预习报告。

三、实验原理

本实验属于固体废物资源化技术领域的综合实验，涉及的相关知识点有城市污水厂污泥的热解、烧结固化，陶粒膨胀原理，煤矸石、河道底泥等固体废物的综合利用技术等。

陶粒属于烧结类多孔材料，具有泡沫状或蜂窝状空隙，质轻、有一定的强度和刚度，具有隔声、保温、环保等特性，可用做水处理填料和建筑骨料等。按照堆积密度不同，分为普通陶粒（>1 200 kg·m⁻³）、轻质陶粒（500～1 200 kg·m⁻³）和超轻陶粒（≤500 kg·m⁻³）。陶粒原料的化学成分按其作用可分为三类：① 骨架成分，组成陶粒的骨架和受力框架，主要由含 SiO_2、Al_2O_3 的矿物组成；② 助熔成分，可降低骨架成分的熔点，主要由含碱金属和碱土金属的盐类和矿物组成；③ 发气成分，主要为有机物和高温产气类物质，如铁盐、锰盐、碳酸镁、碳酸钙等，在高温时产生气体（主要是 CO、CO_2），起膨胀作用，从而使陶粒形成多孔形态。烧制陶粒的物料化学成分中，SiO_2 的质量比例应为 53%～79%，Al_2O_3 的质量比例应为 10%～25%，助熔成分的质量比例为应为 13%～26%。陶粒烧制过程中，在初始低温阶段，主要发生有机组分的热解炭化反应；在高温烧结阶段，物料颗粒熔融，炭化物及其他产气物质煅烧生成气体，实现陶粒的膨胀。

污泥中的无机化学成分主要是 Si、Al、Fe、Ca 等，可以作为烧制陶粒的骨架成分；污泥中含碱金属和碱土金属的盐类和矿物可以作为烧制陶粒的助熔成分；同时，污泥中又含有大量有机物，在高温热解炭化和烧结过程中，能产生足够的气体，为陶粒提供多孔的内部结构。但是污泥中 SiO_2 含量过低，助熔成分含量过高，需要添加适量煤矸石、粉煤灰等工业废渣，将原料中的化学成分调整至适合烧制陶粒的范围。因此，本实验采用城市污水厂污泥、河道底泥、粉煤灰为原料，经破碎、成型、烧结，制成多孔陶粒。

堆积密度、表观密度和吸水率是衡量陶粒性能的重要指标。堆积密度是指陶粒在自然堆积状态下单位体积的质量，按式（20-1）计算；表观密度是指陶粒颗粒单位体积的质量，按式（20-2）计算；吸水率是指干燥状态陶粒的吸水百分率，1 h 吸水率则表示陶粒在水中完全浸泡 1 h 后的吸水率，按式（20-3）计算。

$$\rho_b = M_1 \times 1\ 000 / V_1 \qquad\qquad (20-1)$$

$$\rho_a = M_1 \times 1\ 000 / (V_3 - V_2) \qquad\qquad (20-2)$$

$$W = (M_2 - M_1) / M_1 \times 100\% \qquad\qquad (20-3)$$

式中：ρ_b——陶粒试样的堆积密度，kg·m⁻³；

M_1——干燥陶粒试样的质量，g；

V_1——陶粒试样的堆积体积，mL；

ρ_a——陶粒颗粒的表观密度，kg·m⁻³；

V_2——加入量筒中的水的总体积，mL；

V_3——量筒中水与陶粒的混合体积，mL；

W——陶粒 1 h 吸水率，%；

M_2——陶粒试样浸水 1 h 后的质量，g。

四、课时安排

（1）理论课时安排：0.5 学时，介绍实验原理和操作步骤。

（2）实验课时安排：3.5 学时。实验分 3 次进行，第一次配制原料及制作陶粒生球，大约需要 0.5 学时（此后陶粒生球自然干燥 1~2 d，期间可以进行其他实验）；第二次进行陶粒烧制实验，大约需要 1.5 学时（由实验教师或助教提前将马弗炉升温至 400 ℃，生球放入预先升温至 400 ℃的马弗炉内，保持 10 min；然后马弗炉以 10~20 ℃·min^{-1}的速率升温至 1 100~1 150 ℃，并保持 10 min；马弗炉的降温及取出陶粒成品由实验教师或助教完成）；第三次进行陶粒性能测试，大约需要 1.5 学时。

后期烧制阶段马弗炉升温降温耗时较长，因此原料的干燥与粉碎预处理需要在实验准备阶段由实验教师或助教完成。由于陶粒生球的自然干燥时间较长，且干燥过程中不需耗费人工，所以在生球干燥期间，可按照实验教学安排正常开展其他实验。

五、实验材料

（一）物料和试剂

（1）城市污水厂脱水污泥：200 g/组；

（2）河道底泥：400 g/组；

（3）粉煤灰：50 g/组；

（4）自来水。

（二）器皿

（1）1 000 mL 烧杯：1 只/组；

（2）1 000 mL 量筒：3 只/组；

（3）100、50、25 mL 移液管：各 1 支/组，或 5 mL 移液枪 1 支/组；

（4）玻璃棒：1 支/组；

（5）100 目（149 μm）标准孔径筛：1 个/组；

（6）搪瓷托盘：1 个/组；

（7）喷壶：1 个/组；

（8）干毛巾：2 条/组；

（9）取样勺：1 个/组；

（10）100 mL、250 mL、500 mL 广口试剂瓶：各 1 只/组。

六、实验装置

（1）电子天平：量程 2 000 g，感量 0.01 g；

（2）电热恒温鼓风干燥箱：工作温度为室温 + 10 ~ 250 ℃，控温精度 ±1 ℃；

（3）电磁制样粉碎机：可将物料破碎至 150 μm 以下；

（4）马弗炉或管式炉：最高工作温度不低于 1 200 ℃，控温精度 ±1 ℃，可编程自动升温、自动降温；

（5）小型造粒机：转速 1~80 r · min^{-1}，处理能力 ≤1 000 g/锅。

七、实验步骤和方法

污泥陶粒的制备过程如图 20-1 所示。

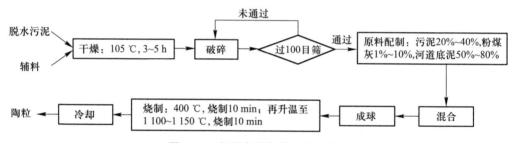

图 20-1　污泥陶粒烧制工艺流程图

（一）物料预处理（准备实验，由实验教师或助教完成）

1. 样品干燥

将污泥、粉煤灰、河道底泥等原料置于电热恒温鼓风干燥箱中，在 105 ℃ 条件下干燥 3~5 h，直至样品达到恒重，自然冷却。

2. 样品粉碎

将冷却后的材料，分别用电磁制样粉碎机粉碎，过 100 目筛，筛余量小于 10%，得到各种原料粉末，分别置于广口试剂瓶中备用。

（二）原料配制、成球

1. 原料配制

原料配比为：污泥 20% ~ 40%、粉煤灰 1% ~ 10%、河道底泥 50% ~ 80%。用电子天平称取以上原料共计 500 g，置于 1 000 mL 烧杯中，搅拌混合均匀。

2. 成球

将上述混合均匀的原料加入小型造粒机中，启动造粒机，用喷壶不断向物料混合物中喷水，直至形成直径 5~8 mm 大小的生球，取出，摊开放置于搪瓷托盘中，放置于通风橱内室温自然干燥（1~2 d）。

（三）陶粒烧制

取完全干燥的生球适量，放置于提前升温至 400 ℃的马弗炉中，于 400 ℃条件下炭化 10 min；然后马弗炉升温至 1 100~1 150 ℃，并保持 10 min，即得到成品陶粒。

（四）陶粒性能测定

1. 堆积密度（ρ_b）

用天平准确称取质量大于 300 g 的干燥陶粒（M_1），置于 1 000 mL 量筒中，量取陶粒的堆积体积 V_1（mL）。按照式（20-1）计算污泥陶粒的堆积密度 ρ_b。

2. 表观密度（ρ_a）

准确量取一定量的水，置于上述盛有陶粒的量筒中，直至水位高于陶粒，记录加入水的总体积 V_2，并准确记录水与陶粒的混合体积 V_3。按照式（20-2）计算表观密度 ρ_a。

3. 1 h 吸水率（W）

将上述陶粒在水中浸泡 1 h 后取出，用干毛巾将表面的水擦去，再次称量得湿陶粒质量 M_2，按照式（20-3）计算陶粒的 1 h 吸水率 W。

八、实验结果整理和数据处理要求

（一）实验结果记录

将实验结果记录于表 20-1。

表 20-1　实验记录表

样品名称	指标测试方法	干燥陶粒质量 M_1/g	堆积体积 V_1/mL	量筒中加入水的体积 V_2/mL	水与陶粒的混合体积 V_3/mL	浸泡 1 h 后湿陶粒质量 M_2/g
陶粒试样 1	GB/T 17431.2—2010					
陶粒试样 2	GB/T 17431.2—2010					
陶粒试样 3	GB/T 17431.2—2010					
……						

（二）实验数据处理

（1）计算陶粒的堆积密度、表观密度、1 h 吸水率平均值和标准偏差；

（2）根据陶粒分类标准，判断烧制的陶粒属于普通陶粒、轻质陶粒还是超轻陶粒。

九、注意事项和建议

（1）污泥、底泥等原料粉末在加水之前一定要充分混合均匀，保证原料各组分充分接触；

（2）使用马弗炉过程中要严格按照安全规程操作。

十、思考题

（1）在烧制陶粒的过程中，污泥中的有机和无机组分分别起什么作用？

（2）在烧制陶粒的过程中，其原料中的有机组分主要发生了什么变化？

（3）根据污泥陶粒的性质，论述其用途。

十一、主要参考文献

［1］何品晶. 固体废物处理与资源化技术 ［M］. 北京：高等教育出版社，2011：319-334.

［2］赵庆祥. 污泥资源化技术 ［M］. 北京：化学工业出版社，2002：211-215.

［3］岳敏，岳钦艳，李仁波，等. 城市污水厂污泥制备陶粒滤料及其特性 ［J］. 过程工程学报，2008，8（5）：972-977.

［4］Riley C M. Relation of chemical properties to the bloating of clays ［J］. Journal of the American Ceramic Society, 1951, 34 (4)：121-128.

［5］中华人民共和国国家质量监督检验检疫总局. 轻集料及其试验方法 第 2 部分：轻集料试验方法：GB/T 17431.2—2010 ［S］. 北京：中国标准出版社，2010.

实验二十一　垃圾真密度与空隙率测定

（实验学时：4学时；编写人：吕凡、何品晶；
编写单位：同济大学）

一、实验目的

（1）掌握真密度、表观密度、堆积密度及孔隙率、空隙率等概念的区别；

（2）了解气相吸附置换法测试垃圾真密度的原理；

（3）了解基于玻意耳—马略特定律的真密度与空隙率测试原理，以及优化测定条件的方法，掌握垃圾真密度与空隙率测试方法，了解垃圾中主要物理组分的相关密度和空隙率指标数值范围；

（4）了解真密度、表观密度和堆积密度与垃圾可压缩性能的关系，了解孔隙率和空隙率对垃圾处理的技术意义。

二、实验基本要求

（1）预习《固体废物处理与资源化技术》第二章和第八章相关内容，预习真密度、表观密度、堆积密度及孔隙率、空隙率相关概念和计算公式；

（2）预习真密度分析仪的实验装置原理；

（3）了解常见固体废物（如生活垃圾）的堆积密度数值范围。

三、实验原理

（一）垃圾密度的概念

垃圾的密度，包括真密度、表观密度和堆积密度。通过比较这三类物理性质，可以了解垃圾的可压缩性能、在填埋场中的压实程度、在填埋场中占用的库容等。

真密度（true density），又称骨架密度，指垃圾等多孔性材料在绝对密实状态下，单位体积内固体物质的实际体积（即不包括颗粒内部孔隙或者颗粒间的空隙）所对应的固体质量，以 ρ_t 表示。

表观密度（apparent density），是指垃圾在自然状态下（长期在空气中存放的干燥状态）单位体积的干质量，即固体质量与固体物质的实际体积（实体积）和内部孔隙体积（闭口孔隙容积）加和的总体积之比，以 ρ_a 表示。

堆积密度（bulk density），是包括颗粒内外孔及颗粒间空隙的松散颗粒堆积体的平均密度，即处于自然堆积状态下未经振实的垃圾的总质量与垃圾堆积体的总体积之比，以 ρ_b 表示。

与密度相关的物理参数还有孔隙率和空隙率。可用于评估垃圾的结构强度和持水程度。

孔隙率，指垃圾颗粒间的空隙体积及颗粒开孔孔隙体积之和占垃圾总体积的百分率，以 f_{pore} 表示。

空隙率，指垃圾颗粒间的空隙体积及颗粒开孔孔隙（即外部气体）体积之和，扣除水分所占的体积后，占垃圾总体积的百分率，以 f_{void} 表示。

图 21-1 显示了多孔材料中颗粒、颗粒间空隙、开孔和闭孔孔隙及水分的分布。对于垃圾，可忽略闭孔孔隙。

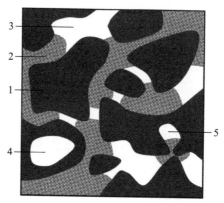

1. 固体颗粒；2. 水；3. 颗粒间空隙；4. 固体闭孔孔隙；5. 固体开孔孔隙

图 21-1　多孔材料中颗粒、颗粒间空隙、开孔和闭孔孔隙及水分的分布

（二）计算公式

上述各种密度、孔隙率和空隙率的计算公式见式（21-1）~式（21-8）。

$$V_{waste} = V_{solid} + V_{water} + V_{void} = V_{solid} + V_{pore} \tag{21-1}$$

$$V_{pore} = V_{interspace} + V_{openpore} + V_{closedpore} \tag{21-2}$$

$$m_{waste} = m_{solid} + m_{water} + m_{air} \approx m_{solid} + m_{water} = m_{solid} + V_{water} \times \rho_{water} \tag{21-3}$$

$$\rho_t = \frac{m_{solid}}{V_{solid}} \tag{21-4}$$

$$\rho_a = \frac{m_{solid}}{V_{solid} + V_{closedpore}} \qquad (21-5)$$

$$\rho_b = \frac{m_{waste}}{V_{waste}} \qquad (21-6)$$

$$f_{pore} = \frac{V_{pore}}{V_{waste}} \times 100\% \approx \frac{V_{interspace} + V_{openpore}}{V_{waste}} \times 100\% \qquad (21-7)$$

$$f_{void} = \frac{V_{pore} - V_{water}}{V_{waste}} \times 100\% = \frac{V_{waste} - V_{solid} - V_{water}}{V_{waste}} \times 100\%$$

$$\approx \frac{V_{interspace} + V_{openpore} - V_{water}}{V_{waste}} \times 100\% \qquad (21-8)$$

式中：V_{waste}——垃圾的总体积，m^3；

V_{solid}——垃圾的固体骨架体积，m^3；

V_{water}——垃圾内水分所占体积，m^3；

V_{void}——垃圾内空隙体积，即除了固体骨架和水分外气体能到达的空间，m^3；

V_{pore}——垃圾内孔隙体积，m^3；

$V_{interspace}$——垃圾颗粒与颗粒间的间隙体积，m^3；

$V_{openpore}$——颗粒的开孔孔隙体积，m^3；

$V_{closedpore}$——颗粒内的闭孔孔隙体积，m^3；

m_{waste}——垃圾样品的质量，kg；

m_{solid}——垃圾的固体质量，即垃圾干重，kg；

m_{water}——垃圾中的水分质量，kg；

m_{air}——垃圾内空气质量，kg；

ρ_{water}——水的比重，$kg \cdot m^{-3}$；

ρ_t——垃圾真密度，$kg \cdot m^{-3}$；

ρ_a——垃圾表观密度，$kg \cdot m^{-3}$；

ρ_b——垃圾堆积密度，$kg \cdot m^{-3}$；

f_{pore}——垃圾孔隙率，%；

f_{void}——垃圾空隙率，%。

（三）测试原理

常采用气相吸附置换法测定垃圾的真密度，采用的气体介质包括氦气、氩气、二氧化碳等。其中，氦气是用来测定颗粒间空隙与颗粒开孔孔隙总体积的最理想介质，因为其分子直径<0.2 nm，并且几乎不被样品吸附，能确保渗入

样品内细小的孔隙和表面的不规则空隙。通过测量样品导入氦气前后的压力差，借助玻意耳—马略特定律得到样品的骨架体积，从而求出真密度。可用常规静态容量气体吸附置换装置，又称真密度仪进行测试。在实际操作过程中，导入氦气使真密度仪容器增压，会产生不安全及不方便的不利因素，而将真密度仪抽成一定真空度，通过测量样品抽气前后的压力差，运用玻意耳—马略特定律，也可得到样品的骨架体积，从而求出真密度，同样符合气相吸附置换法的原理。

常规静态容量气体吸附置换装置结构如图 21-2 所示。装置基本结构包括样品测试腔和基准腔，体积分别为 V_c 和 V_r；初始状态下，样品测试腔增压或减压至某一不同于环境压力的压力值 P_i，基准腔保持环境压力 P_r；打开阀门，连通样品测试腔和基准腔，系统中压力变化稳定到 P_f，针对阀门开启前后两种平衡状态，由玻意耳—马略特定律得到式（21-9），由式（21-10）即可计算出待测垃圾样品的骨架体积 V_{solid}，再由样品的质量和体积依据式（21-4）和式（21-8）分别计算出样品的真密度 ρ_t 和空隙率 f_{void}。

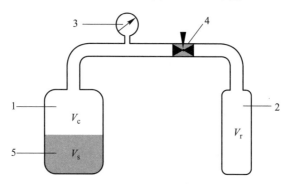

1. 测试腔；2. 基准腔；3. 压力表；4. 阀门；5. 待测物料

图 21-2　常规静态容量气体吸附置换装置的结构

$$P_i \times (V_c - V_{solid}) + P_r \times V_r = P_f \times (V_c - V_{solid} + V_r) \tag{21-9}$$

$$V_{solid} = V_c - V_r \times \frac{P_f - P_r}{P_i - P_f} \tag{21-10}$$

式中：P_i——样品测试腔增压或减压至某一不同于环境压力的压力值，kPa；

　　　P_r——基准腔初始压力，等于环境气压，kPa；

　　　P_f——连通测试腔和基准腔稳定后测得的压力值，kPa；

　　　V_c——测试腔体积，m^3；

　　　V_{solid}——待测物料的骨架体积，m^3；

　　　V_r——基准腔体积，m^3。

四、课时安排

（1）理论课时安排：1.5 学时，讲解相关概念、实验原理并演示实验步骤。

（2）实验课时安排：2.5 学时，由助教辅助主讲教师完成实验前后相关的准备整理工作及学生实验过程中的答疑工作。

五、实验材料

（一）材料

（1）各类垃圾：破碎至 5 mm 以下；可以采用混合垃圾，或者根据垃圾物理组成分别制备，比如：塑料、纸屑、渣土、纤维、竹木、果蔬垃圾等。

（2）滤纸：直径 8~15 cm，根据真密度仪测试腔直径确定；1 张/组。

（二）器皿

（1）30 cm 直钢尺：1 把/组；

（2）1 000 mL 烧杯：1 个/组。

六、实验装置

（1）电子天平：量程 1 000 g，感量 0.01 g；

（2）真空泵：0.1 mmHg；

（3）真密度仪：配备电子真空表，真空表量程-100~0 kPa，精度±0.01 kPa。

实验装置连接如图 21-3 所示。

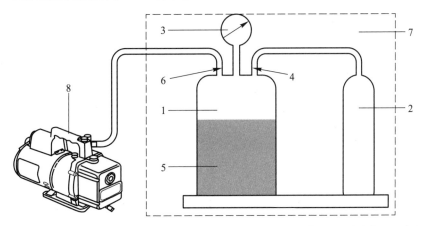

1. 测试腔；2. 基准腔；3. 压力表；4. 阀门②；5. 待测物料；6. 阀门①；7. 真密度仪；8. 真空泵

图 21-3　真密度仪与真空泵连接示意图

七、实验步骤和方法

（一）确定测试腔的体积 V_c 和基准腔的体积 V_r

（1）用直钢尺测定测试腔高度 H_c 及内直径 D_c，计算获得测试腔体积 V_c；

（2）按图 21-3 连接真密度仪和真空泵；

（3）打开阀门①、关闭阀门②，打开真空泵，将测试腔抽成一定程度的真空；

（4）关闭阀门①、关闭真空泵，读取真空表读数 P_i；

（5）打开阀门②、连通基准腔和测试腔，读取真空表读数 P_f，在测试腔无物料的情况下根据式（21-10）计算得 V_r。

（二）确定待测物料堆积密度 ρ_{waste}

（1）用烧杯装填待测物料，在电子天平称得物料质量 m_{waste}，蓬松状态下将物料倒入测试腔；

（2）用直钢尺测定物料高度 H_{waste}，根据测试腔直径 D_c，计算得物料堆积体积 V_{waste}；

（3）根据式（21-6）计算得待测物料堆积密度 ρ_{waste}。

（三）测定待测物料的 V_{solid}，确定待测物料的真密度 ρ_t 与空隙率 f_{void}

（1）为防止物料被真空吸到真空泵中，可事先在物料上方盖上一张滤纸；

（2）打开阀门①、关闭阀门②，打开真空泵，将测试腔抽成一定程度的真空；

（3）关闭阀门①、关闭真空泵，读取真空表读数 P_i；

（4）打开阀门②、连通基准腔和测试腔，读取真空表读数 P_f，根据式（21-10）计算得 V_{solid}；

（5）根据式（21-4）计算得 ρ_t，根据式（21-8）计算得 f_{void}（假定 $V_{water}=0$）。

八、实验结果整理和数据处理要求

（一）实验结果记录

实验记录表如表 21-1 所示。

（二）实验数据处理

根据式（21-1）~式（21-10）计算待测物料真密度和空隙率。记录在表 21-1 中和表 21-2。

表 21-1　实验记录计算表 I

指标	单位	测试结果
H_c（测试腔高度）	cm	
D_c（测试腔内直径）	cm	
V_c	m³	
V_r	m³	

表 21-2　实验记录计算表 II

指标	单位	空	物料 1	物料 2	物料 3	……
含水率	（%wt）	—				
V_{water}	m³	—				
P_i	kPa					
P_f	kPa					
m_{waste}	kg	0				
H_{waste}	cm	0				
V_{waste}	m³	0				
ρ_{waste}	kg·m⁻³	—				
V_{solid}	m³	0				
ρ_t	kg·m⁻³	—				
f_{void}	%	—				

九、注意事项和建议

（1）在抽真空之前，测试腔内的物料上方应放好直径适宜的滤纸或纸片，以防物料因真空飘起，被吸入真空泵中；

（2）应正确拆装真密度仪，测试时检查装置的气密性；

（3）真空表为精密仪表，使用时应当小心操作，不可随意转动真空表；读数时注意单位的选择，使用前应归零设置；

（4）同一物料可以做不同装填体积的平行实验，观察平行实验结果之间的差异；同时与物料真密度和空隙率的参考值作比较，分析可能产生差异的原因；

（5）同一物料可以做压实度不同的平行实验，观察平行实验结果之间的差异；

（6）待测物料建议采用干物料，以简化实验过程；

（7）最后一轮实验可以自来水作为待测物料，检验仪器准确度。

十、思考题

（1）试分析孔隙率和空隙率的概念差异。

（2）简述在垃圾处理处置时测定孔隙率和空隙率的技术意义。

（3）简述在垃圾处理处置时测定真密度、表观密度和堆积密度的技术意义。

（4）试分析塑料和纸张的含水率由 0% 增至 15% 时，其真密度、表观密度、堆积密度、容重、空隙率和孔隙率的数值变化。

（5）试分析垃圾各类典型物理组成的最高可压缩比、典型堆积密度和压缩条件下的最高容重。

（6）简述垃圾的粒径与含水率对其压缩性能、真密度、堆积密度、孔隙率和空隙率的影响。

十一、主要参考文献

［1］何品晶. 固体废物处理与资源化技术［M］. 北京：高等教育出版社，2011：19-21，353-356.

［2］何品晶. 城市垃圾处理［M］. 北京：中国建筑工业出版社，2015：312-315.

［3］瞿贤，何品晶，邵立明，等. 城市生活垃圾渗透系数测试研究［J］. 环境污染治理技术与设备，2005，6（12）：13-17.

［4］Soares M A R, Quina M J, Quinta-Ferreira R. Prediction of free air space in initial composting mixtures by a statistical design approach［J］. Journal of Environmental Management, 2013, 128, 75-82.

［5］Su D, McCartney D, Wang Q. Comparison of free air space test methods［J］. Compost Science & Utilization, 2006, 14（2）：103-113.

［6］Alburquerque J A, McCartney D, Yu S, et al. Air space in composting research：A literature review［J］. Compost Science & Utilization, 2008, 16（3）：159-170.

实验二十二　渗滤液水质与预处理调控

（实验学时：4 学时；编写人：邵立明、何品晶、仇俊杰；
编写单位：同济大学）

一、实验目的

（1）认识生活垃圾填埋场渗滤液水质特征；

（2）掌握渗滤液水质测定和预处理调控方法；

（3）了解渗滤液预处理对后续处理的作用。

二、实验基本要求

（1）预习《固体废物处理与资源化技术》第八章相关内容，预习生活垃圾填埋场渗滤液的基本概念、形成过程及水质变化规律；

（2）预习渗滤液 pH、COD 和 NH_4^+-N 浓度的测定方法；

（3）预习水中胶体状有机物粒径分级和缓冲能力的基本概念，以及混凝沉淀与氨吹脱的基本原理。

三、实验原理

填埋是生活垃圾处置的主要途径。填埋场渗滤液是生活垃圾在填埋堆体环境中，因自身降解和与侵入水分（降水渗透、地下水渗入等）接触，在生物、化学和物理的复合作用下产生的一种污水，是填埋场产生的主要二次污染物。渗滤液含有高浓度的可生物降解及难生物降解有机物（包括腐殖质）、氨氮、无机盐等。生活垃圾填埋场渗滤液的关键污染组分为有机物和氨氮，其水质还会随填埋场运行时间的延长而产生变化，其基本特征为：中长期（填埋龄）渗滤液的有机物（以 COD 表征）总浓度下降、生物可降解性下降（以 BOD_5/COD 表征），渗滤液中的氮主要以氨氮形式（NH_4^+-N）存在且浓度略有升高。生活垃圾填埋场渗滤液排放时要求关键污染组分去除率高达 99% 以上，因此，渗滤液的处理工艺十分复杂，一般包含预处理、多级不同氧化还原条件的生物处理（如 A^2/O）和纳滤、反渗透或高级氧化等深度处理单元。

渗滤液中的污染物可分为颗粒态和溶解态 2 类。其划分采用操作定义，以通过 0.45 μm 滤膜为基准，不能通过 0.45 μm 滤膜的为颗粒态组分，可通过的为溶解态（性）组分。渗滤液污染物以溶解性组分为主，其中包括粒径分布在 1~100 nm 的胶体状有机物。

（一）基于渗滤液缓冲特性的预处理调控

渗滤液的处理通常采用"生物处理+深度处理"的模式。由于渗滤液中污染物组成复杂、水质波动范围大，无论是前端生物处理还是后端深度处理，皆需先预处理，以调控渗滤液水质。

混凝沉淀去除胶体状有机物和吹脱除氨是最常用的渗滤液预处理工艺，2 种预处理皆需对渗滤液的 pH 进行调控。但是，渗滤液中包含多种弱酸和弱碱，使得渗滤液表现出较强的缓冲能力，而中长期填埋场渗滤液的缓冲容量更突出，其缓冲体系主要由氨氮和碳酸组成，反应方程式见式（22-1）~式（22-4）。此外，老龄渗滤液中的腐殖质也会提供一定的缓冲能力。

$$NH_4^+ \rightleftharpoons NH_3 + H^+ \tag{22-1}$$

$$NH_4^+ + OH^- \rightleftharpoons NH_3 \cdot H_2O \tag{22-2}$$

$$H_2CO_3 \rightleftharpoons HCO_3^- + H^+ \tag{22-3}$$

$$HCO_3^- \rightleftharpoons CO_3^{2-} + H^+ \tag{22-4}$$

在渗滤液预处理调控 pH 过程中，渗滤液的缓冲能力是决定酸碱投加量的主要因素。因此，评估渗滤液的缓冲能力是设计氨吹脱、混凝沉淀等预处理单元的基础。

（二）混凝沉淀预处理调控

经填埋体内充分降解的中长期渗滤液和生物处理的稳定渗滤液，含丰富的胶体状有机物，是混凝沉淀的主要处理对象。混凝沉淀处理使用混凝剂破坏渗滤液中胶体状有机物的稳定性，一般可去除 50% 以上的难生物降解有机污染物，从而降低后续处理单元的负荷。常用的混凝剂有铁（Ⅲ）盐、铝（Ⅲ）盐、聚合氯化铝等。

混凝沉淀的效果受混凝剂类型、药剂投加量、pH 和水力梯度影响。混凝剂的投加量直接影响混凝的效果，因渗滤液的水质波动范围大，最佳的混凝剂投加量需通过实验确定。此外，pH 会影响混凝沉淀的效果，一般而言，当 pH<4 时，铁（Ⅲ）盐或铝（Ⅲ）盐的水解效果受到抑制；当 pH 超过 9 时，铁（Ⅲ）盐或铝（Ⅲ）盐与 OH⁻ 发生配合溶解。通常认为，铁（Ⅲ）盐的最佳混凝 pH 为 5.5。因此，过低或过高的 pH 皆不利于絮体的形成。类似地，过低的水力梯度不利于絮体的产生，过高的水力梯度则会破坏已经形成的絮体。

对于稳定渗滤液，铁（Ⅲ）盐混凝剂效果通常优于铝（Ⅲ）盐混凝剂。铁（Ⅲ）盐混凝剂一般可去除 50% 以上的有机物，而铝（Ⅲ）盐的去除效果为 10%~40%。

（三）氨吹脱预处理调控

中长期填埋场渗滤液中易生物降解有机污染物的含量下降，氨氮浓度升高至 2 000 mg·L^{-1} 以上，这会对生物处理造成抑制，并需要外加碳源进行脱氮。因此，可选用氨吹脱单元，在渗滤液中加碱至 pH 大于 10，再鼓入空气或蒸汽将分子态氨吹脱，脱氮率可达 50%；而后再采用 A/O 或 Bardenpho（两级硝化-反硝化）工艺进行生物脱氮。

氨吹脱对游离氨和铵离子的去除途径不同，游离氨可直接由液相进入气相，而铵离子则要先转化为游离氨之后才能由液相转移进入气相，如式（22-5）所示。氨在水溶液中的水解平衡主要受温度与 pH 控制，可由安东森（Anthonisen）给出的式（22-6）表达。不同温度、pH 下，水中游离氨浓度可见图 22-1。

$$NH_4^+ \Longleftrightarrow NH_3(aq) + H^+ \Longleftrightarrow NH_3(g) \tag{22-5}$$

$$FA = \frac{10^{pH} \times [NH_4^+ - N]}{10^{pH} + e^{\frac{6\,334}{273.15 + T}}} \tag{22-6}$$

式中：　FA——游离氨浓度，mg·L^{-1}；

　　[NH$_4^+$-N]——溶液中的氨氮浓度，mg·L^{-1}；

　　　　T——溶液温度，℃。

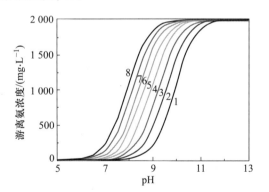

1. 5 ℃；2. 15 ℃；3. 25 ℃；4. 35 ℃；5. 45 ℃；

6. 55 ℃；7. 65 ℃；8. 75 ℃

图 22-1　不同温度和 pH 下溶液中游离氨浓度

（铵离子与游离氨的总浓度为 2 000 mg·L^{-1}）

在氨吹脱工艺中，一般用强碱将渗滤液中的 pH 调节至 10 以上，此时，50% 以上的氨氮以游离氨的形式存在。在稀溶液体系下，水相中的游离氨与气相中的氨分压满足亨利定律，不同温度下游离氨的亨利系数见图 22-2。在 25 ℃ 下，不同 pH 对应的游离氨浓度和氨气分压，其亨利系数基本保持不变，约为 0.10 Pa·L·mg^{-1}。

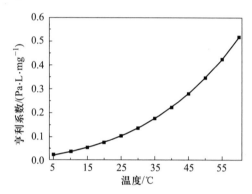

图 22-2 不同温度下游离氨的亨利系数

四、课时安排

（1）理论课时安排：1 学时，教师讲解实验原理，对学生的实验预习内容抽检和讨论。

（2）实验课时安排：3 学时，由学生依序完成混凝沉淀和氨吹脱实验，或选做其一。

五、实验材料

（一）试剂和实验原料

（1）分析纯 HCl 溶液和 NaOH 溶液：1 mol·L^{-1}；

（2）分析纯 $FeCl_3 \cdot 6H_2O$ 溶液：250 g·L^{-1}；

（3）分析纯 H_2SO_4 溶液：1 mol·L^{-1}；

（4）中长期填埋场渗滤液或生物处理后稳定渗滤液：6 L 左右/组。

（二）器皿

（1）1 L 玻璃烧杯：6 只/组；

（2）500 mL 玻璃烧杯：4 只/组；

（3）玻璃棒：4 支/组；

（4）1 mL 移液管：2 支/组；

（5）250 mL 量筒：2 只/组。

六、实验装置

（1）pH 计：精度±0.01；

（2）真空抽滤装置（配 0.45 μm 醋酸混合纤维素酯滤膜）：配有 1 L 过滤瓶；

（3）高速离心机：离心力≥16 000 g；

（4）六联搅拌器（混凝沉淀实验）：转速 0~3 000 r·min^{-1}；

（5）氨吹脱实验装置：见图 22-3；

（6）COD 和 NH_4^+-N 浓度测试，依据各校不同条件，可选择不同方法测试，准备相应的测试仪器。

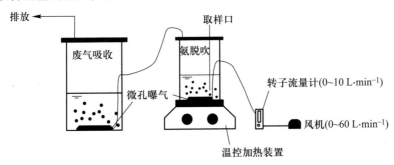

图 22-3　氨吹脱实验装置示意图

七、实验步骤和方法

渗滤液水质测定及预处理调控实验流程见图 22-4。

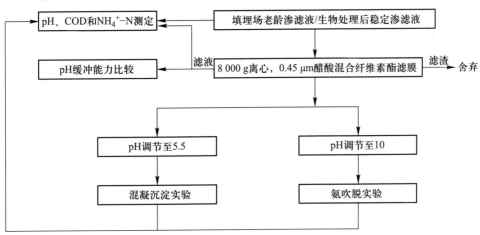

图 22-4　渗滤液水质测定及预处理调控实验流程

（一）样品过滤与基本水质测定

（1）取 5 L 渗滤液分装于离心管中，8 000 g 离心 10 min；

（2）将上清液缓缓倒入真空抽滤装置，抽滤获得滤液；

（3）分别取 20 mL 离心前渗滤液和过滤后渗滤液，测定 pH、COD 和 NH_4^+-N 浓度：pH 宜采用 pH 计进行测定；COD 测试宜根据实际条件，选用《水质 化学需氧量的测定 重铬酸盐法》（HJ 828—2017）标准方法、快速法（参见参考文献）或商用 COD 分析试剂包；NH_4^+-N 测定可选用《水质 氨氮的测定 水杨酸分光光度法》（HJ 536—2009）、《水质 氨氮的测定 流动注射-水杨酸分光光度法》（HJ 666—2013）或《水质 氨氮的测定 蒸馏-中和滴定法》（HJ 537—2009）。

（二）缓冲容量比较

（1）分别取 200 mL 离心前渗滤液和过滤后渗滤液于 500 mL 玻璃烧杯，各 2 份；

（2）用 1 mL 的移液管向其中 2 个盛装离心前渗滤液和过滤后渗滤液的烧杯中各添加 1 mL 的 1 mol·L^{-1} HCl 溶液，用玻璃棒搅拌，待 pH 稳定后记录数值与 HCl 溶液添加体积，重复用 1 mL 的移液管添加 1 mol·L^{-1} 的 HCl 溶液，直至 pH<4；

（3）用 1 mL 的移液管向另 2 个盛装离心前渗滤液和过滤后渗滤液的烧杯中各添加 1 mL 的 1 mol·L^{-1} NaOH 溶液，用玻璃棒搅拌，待 pH 稳定后记录数值与 NaOH 溶液添加体积，重复用 1 mL 的移液管添加 1 mol·L^{-1} 的 NaOH 溶液，直至 pH>10。

（三）混凝沉淀实验

（1）在六联搅拌器的 6 个烧杯中分别加 400 mL 过滤后渗滤液；

（2）依据（二）的实验结果，用 1 mol·L^{-1} 的 HCl 溶液将所有烧杯中渗滤液 pH 调节至 4，开启六联搅拌器，30 r·min^{-1} 低速搅拌 20 min，以去除渗滤液中的碳酸根；

（3）停止六联搅拌器，添加 1 mol·L^{-1} 的 NaOH 溶液，将 pH 调节至 5.5；

（4）向六联搅拌器 6 个烧杯中分别添加 2 mL、3 mL、4 mL、5 mL、6 mL 和 7 mL 的混凝剂 $FeCl_3·6H_2O$（250 g·L^{-1}）；

（5）开启六联搅拌器，中速搅拌 2 min，转速约为 200 r·min^{-1}；慢速搅拌 30 min，转速约为 50 r·min^{-1}；沉淀 30 min；

（6）取上清液测定 COD。

（四）氨吹脱实验

（1）在氨吹脱装置中加入 800 mL 过滤后渗滤液，依据（二）的实验结果，用 1 mol·L^{-1}的 NaOH 溶液将 pH 调节至 10；

（2）针对不同实验小组（每组选择 1~2 个实验工况），分别设置加热温度为 30 ℃、45 ℃和 60 ℃，空气气量为 1 L·min^{-1}、3 L·min^{-1}、5 L·min^{-1}，向氨吹脱装置中鼓入空气，尾气经由 1 mol·L^{-1}的硫酸溶液吸收；

（3）氨吹脱进行 0 min、5 min、15 min、30 min、60 min、90 min 和 120 min 时，分别从中取 5 mL 渗滤液，测定 NH$_4^+$-N 浓度。

八、实验结果整理和数据处理要求

（一）实验结果记录

渗滤液来源信息（填埋场类型、填埋龄、取样时间）：＿＿＿＿＿＿＿＿

＿＿＿＿＿＿＿＿＿＿＿＿＿＿＿＿＿＿＿＿＿＿＿＿＿＿＿＿＿＿＿＿＿。

离心前渗滤液 COD 为＿＿mg·L^{-1}，NH$_4^+$-N 为＿＿mg·L^{-1}，pH 为＿＿。

过滤后渗滤液 COD 为＿＿mg·L^{-1}，NH$_4^+$-N 为＿＿mg·L^{-1}，pH 为＿＿。

将实验结果记录于表 22-1、表 22-2 和表 22-3。

表 22-1 渗滤液缓冲能力实验记录表

HCl 溶液投加量/mL	pH	NaOH 溶液投加量/mL	pH
0		0	
1		1	
2		2	
3		3	
⋮		⋮	

表 22-2 混凝沉淀实验记录表

混凝剂投加量	2 mL	3 mL	4 mL	5 mL	6 mL	7 mL
混凝后 COD/(mg·L^{-1})						
COD 去除率/%						

表 22-3 氨吹脱实验记录表

反应温度：＿＿＿℃，吹脱气速：＿＿＿L·min^{-1}

时间	0 min	5 min	15 min	30 min	60 min	90 min	120 min
NH$_4^+$-N 浓度/(mg·L^{-1})							
NH$_4^+$-N 去除率/%							

（二）实验数据处理

（1）以渗滤液 pH 对单位体积渗滤液 H$^+$/OH$^-$投加量（meq·L^{-1}，H$^+$用正值，OH$^-$用正负值）作缓冲能力曲线图，分别以 pH 为 4 和 10 作为平衡终点，计算离心前渗滤液和过滤后渗滤液的缓冲容量（单位为 meq·L^{-1}），比较其差异；

（2）不同实验小组的数据集合在一起，采用 t 检验对比不同混凝剂投加量下 COD 去除率的差异；对比不同温度和吹脱气速下，氨氮的去除率。

九、注意事项和建议

（1）实验中所使用的所有容器需清洗干净后，用 10% 热硝酸荡涤，再用自来水冲洗，最后用去离子水冲洗；

（2）氨吹脱实验应注意检查实验装置气密性；

（3）不同组间相同工况的混凝沉淀或氨吹脱数据作为平行实验，可用于统计分析。

十、思考题

（1）简述填埋场渗滤液水质随填埋龄变化的特点。

（2）对比渗滤液过滤前后缓冲能力曲线的差异，分析原因。

（3）依据实验结果，试确定 500 t·d^{-1} 规模的渗滤液处理厂，采用混凝沉淀工艺的主要技术参数。

（4）依据实验结果，试计算 800 t·d^{-1} 规模的中长期填埋场渗滤液处理厂，采用氨吹脱单元后，Bardenpho（两级硝化-反硝化）生物脱氮单元（假设脱氮效率为 95%）可节约多少反硝化外加碳源？外加碳源投加量按反硝化理论需求量的 2 倍计。

十一、主要参考文献

［1］何品晶. 固体废物处理与资源化技术［M］. 北京：高等教育出版社，2011：381-402.

［2］章非娟，徐竟成. 环境工程实验［M］. 北京：高等教育出版社，2006：81-89.

［3］陈玲，赵建夫. 环境监测［M］. 2 版. 北京：化学工业出版社，2014：80-137.

［4］He P J, Xue J F, Shao L M, et al. Dissolved organic matter（DOM）in recycled leachate of bioreactor landfill［J］. Water Research，2000，40（7）：

1465-1473.

　　[5] 环境保护部. 水质　氨氮的测定　水杨酸分光光度法：HJ 536—2009 [S]. 北京：中国环境科学出版社，2009.

　　[6] 环境保护部. 水质　氨氮的测定　蒸馏-中和滴定法：HJ 537—2009 [S]. 北京：中国环境科学出版社，2009.

　　[7] 环境保护部. 水质　氨氮的测定　流动注射-水杨酸分光光度法：HJ 666—2013 [S]. 北京：中国环境科学出版社，2013.

　　[8] 环境保护部. 水质　化学需氧量的测定　重铬酸盐法：HJ 828—2017 [S]. 北京：中国环境出版社，2017.

实验二十三 赤泥免烧砖的制备及性能测试

（实验学时：4 学时；编写人：岳钦艳、马德方；
编写单位：山东大学）

一、实验目的

（1）了解赤泥（危险废物）、煤矸石、粉煤灰等工业固体废物的综合利用技术，理解材料的自胶结性、火山灰活性等概念；

（2）掌握赤泥免烧砖的制备原理，熟悉赤泥免烧砖的制备流程；

（3）掌握砖基本性能——抗压强度的测定方法。

二、实验基本要求

（1）预习《固体废物处理与资源化技术》第七章、第九章、第十一章相关内容，预习工业固体废物（危险废物）赤泥、煤矸石、粉煤灰的来源、组成和特性，火山灰活性理论、免烧砖成型和强度形成理论，免烧砖制备工艺流程；

（2）预习砌墙砖性能评价指标及其测试方法〔参考《砌墙砖试验方法》（GB/T 2542—2012）〕，重点掌握抗压强度的测定方法；

（3）完成预习报告。

三、实验原理

赤泥是从铝土矿中提取氧化铝后产生的强碱性残渣，主要化学成分为 Al、Si、Fe、Ca、Ti 等，矿物组成主要为 $2CaO \cdot SiO_2$、$3CaO \cdot SiO_2$、$CaO \cdot Al_2O_3$ 等。$2CaO \cdot SiO_2$ 在激发剂的激发作用下，发生水化反应形成水硬性凝胶物质，可为免烧砖提供强度。煤矸石是采煤和洗煤过程中排出的固体废物，是在成煤过程中与煤层伴生的一种含碳量较低、比煤坚硬的黑灰色岩石，主要由炭质页岩、炭质砂岩、页岩、黏土等组成，具有稳定的硅酸盐晶体结构，可作为免烧砖的骨料。粉煤灰是煤粉高温燃烧后形成的类似火山灰的混合材料，含有大量活性 SiO_2、Al_2O_3，与石灰熟料等混合加水后，可发生水化反应，生成与水化水泥相当的水硬性凝胶物质，增强免烧砖的强度。

本实验以赤泥、煤矸石、粉煤灰为主料，以石灰、石膏为固化剂，加入适量水，激发材料的活性，利用材料的自胶结性，压制成型，洒水养护制备免烧砖。

在砖坯成型阶段，高压作用使物料颗粒之间的空气被充分排出，物料颗粒之间通过分子间吸引力自然黏结，增加了砖的密实度，使砖坯具备初期强度，同时为中后期物料分子之间的物理化学反应奠定基础。

赤泥中的 $2CaO \cdot SiO_2$ 等活性矿物成分、粉煤灰中的活性成分以及固化剂发生的水化反应，原理如式（23-1）~式（23-4）所示。

$$2(2CaO \cdot SiO_2) + 2H_2O \longrightarrow 3CaO \cdot 2SiO_2 \cdot H_2O + Ca(OH)_2 \quad (23-1)$$

$$4CaO \cdot Al_2O_3 \cdot Fe_2O_3 + 7H_2O \longrightarrow 3CaO \cdot Al_2O_3 \cdot 6H_2O + CaO \cdot Fe_2O_3 \cdot H_2O$$
$$(23-2)$$

$$3CaO \cdot Al_2O_3 + 6H_2O \longrightarrow 3CaO \cdot Al_2O_3 \cdot 6H_2O \quad (23-3)$$

$$CaSO_4 \cdot H_2O + H_2O \longrightarrow CaSO_4 \cdot 2H_2O \quad (23-4)$$

石灰水解产生的 OH^- 会破坏赤泥和粉煤灰矿物表面的 Al-O、Si-O 键网络，使矿物聚合度降低，成为高活性状态，并与 $Ca(OH)_2$ 发生水化反应（即火山灰反应），生成水化铝酸钙和水化硅酸钙凝胶，不断提高砖坯的强度。反应方程式如式（23-5）和式（23-6）所示。

$$Al_2O_3 + xCa(OH)_2 + nH_2O \longrightarrow xCaO \cdot Al_2O_3 \cdot (x+n)H_2O \quad (23-5)$$

$$SiO_2 + xCa(OH)_2 + nH_2O \longrightarrow xCaO \cdot SiO_2 \cdot (x+n)H_2O \quad (23-6)$$

$Ca(OH)_2$ 还可以吸收空气中的 CO_2 生成 $CaCO_3$ 晶体结构，进一步提高免烧砖的强度。反应方程式见式（23-7）。

$$Ca(OH)_2 + CO_2 \longrightarrow CaCO_3 + H_2O \quad (23-7)$$

石膏水解产物可与水化凝胶反应生成少量钙矾石，填充于水化产物中，使得砖坯的结构更加密实。反应方程式见式（23-8）。

$$3CaO \cdot Al_2O_3 \cdot 13H_2O + 3(CaSO_4 \cdot 2H_2O) + 13H_2O \longrightarrow$$
$$3CaO \cdot Al_2O_3 \cdot 3CaSO_4 \cdot 32H_2O \quad (23-8)$$

赤泥免烧砖体系内还存在物料颗粒表面的离子交换和团粒化作用以及各相间的界面反应。这些作用与原料中凝胶物质的水解、活性原料的火山灰反应相互配合交错进行，原料颗粒被铝、硅凝胶不断包裹，形成以胶结为主、结晶联结为次的多孔架空结构。

抗压强度是衡量砖的承载力大小的重要技术指标。通过在垂直于砖样的受压面，均匀平稳地逐步增加压力负荷，直到砖样损坏，得到砖样可承受的最大压力荷载，除以砖样受压面积可计算出砖样的抗压强度。

四、课时安排

（1）理论课时安排：0.5 学时，介绍原料性质、实验原理和步骤。本实验属于危险废物和工业固体废物材料利用领域的综合实验。涉及的相关知识点有赤泥、煤矸石、粉煤灰等工业废渣的综合利用技术，自胶结性、火山灰活性理论，以及免烧砖的成型与强度形成机理。

（2）实验课时安排：3.5 学时，其中物料粉碎和砖样制备 2 学时，抗压强度测试 1.5 学时。原料的干燥应在实验准备阶段由实验教师或助教预先完成。由于免烧砖的养护周期较长，但养护过程操作简单、费时较少，在免烧砖养护期间，可以按照实验教学安排正常开展其他实验。实验需分 3 次进行，第 1 次进行物料预处理、混合和压制生坯，大约需要 2 学时；第 2 次对养护 7 d 后的 3 个砖坯进行抗压强度测试，大约需要 0.75 学时；第 3 次对养护 28 d 后的 3 个砖坯进行抗压强度测试，大约需要 0.75 学时。

五、实验材料

（一）试剂

（1）拜尔赤泥：200 g/组；

（2）煤矸石：250 g/组；

（3）粉煤灰：150 g/组；

（4）石灰：100 g/组；

（5）石膏：50 g/组；

（6）自来水。

（二）器皿

（1）1 000 mL 烧杯：1 只/组；

（2）玻璃搅拌棒：1 支/组；

（3）100 mL 量筒：1 只/组；

（4）100 目（149 μm）标准孔径筛：5 个/组；

（5）喷壶：1 个/组；

（6）500 mL 广口试剂瓶：3 只/组；

（7）250 mL 广口试剂瓶：2 只/组；

（8）取样勺：1 个/组；

六、实验装置

（1）电热恒温鼓风干燥箱：工作温度为室温 + 10 ~ 250 ℃，控温精度 ±1 ℃；

（2）电磁制样粉碎机或球磨机：可将物料粉碎至 150 μm 以下；

（3）电子天平：量程 2 000 g，感量 0.01 g；

（4）万能材料试验机或压力试验机：载荷 10 ~ 500 kN；

（5）成型模具：内部空腔为 50 mm×50 mm×50 mm；

（6）游标卡尺：量程 150 mm。

七、实验步骤和方法

赤泥免烧砖的制备过程见图 23-1。

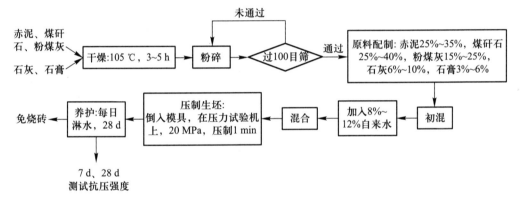

图 23-1　赤泥免烧砖制备工艺流程图

（一）物料预处理

（1）样品干燥（准备实验，由实验教师或助教完成）

将各种原料分别放置于电热恒温鼓风干燥箱中，于 105 ℃条件下恒温干燥 3~5 h，直至样品达到恒重，自然冷却。

（2）样品粉碎

将冷却后的材料，分别用电磁制样粉碎机粉碎，过 100 目筛，筛余量小于 10%，得到各种原料颗粒，分别置于广口试剂瓶中备用。

（二）砖样制备

（1）物料颗粒初混

原料配比为：赤泥 25% ~ 35%、煤矸石 25% ~ 40%、粉煤灰 15% ~ 25%、石灰 6% ~ 10%、石膏 3% ~ 6%。用电子天平称取以上原料共计 500 g，置于

1 000 mL 烧杯中，搅拌混合均匀。

（2）压制生坯

用 100 mL 量筒量取 40~100 mL（8%~20%）自来水，匀速缓慢加入 1 000 mL 烧杯中，将原料搅拌混合均匀。每次称量约 50 g 混合料浆，倒入成型模具中，放在万能材料试验机或压力试验机上，在 20 MPa 下压制 1 min，压制成型制成生坯。共制备 6 个生坯。

（3）砖坯养护

将压成的生坯取出，每天用喷壶喷淋适量水，进行免烧砖的养护，并测试其中 3 个养护 7 d 的砖坯及另 3 个养护 28 d 的砖坯的抗压强度。

（三）抗压强度测试

赤泥免烧砖抗压强度的测试依据《砌墙砖试验方法》（GB/T 2542—2012）进行，采用压力试验机或万能材料试验机测试。测试步骤如下：

（1）取制得的免烧砖试样，分别测量受压面的长、宽尺寸，测试两次取平均值，精确至 1 mm；

（2）将试样平放在压力试验机的加压板中央，垂直于受压面加荷载，加压应均匀平稳，不得发生冲击或振动，加荷速率为 2~6 kN·s⁻¹，直至试样被破坏为止，记录最大破坏荷载 P。

每块试样的抗压强度（R_P）采用式（23-9）计算：

$$R_P = \frac{P}{L \times B} \qquad (23-9)$$

式中：R_P——抗压强度，MPa；

$\quad\ P$——最大破坏荷载，N；

$\quad\ L$——受压面的长度，mm；

$\quad\ B$——受压面的宽度，mm。

八、实验结果整理和数据处理要求

（一）实验结果记录

将实验数据记录于表 23-1。

（二）实验数据处理

（1）计算养护 7 d 和 28 d 后，免烧砖的抗压强度；

（2）计算 3 个平行样的抗压强度平均值和标准偏差。

表 23-1　实验记录表

样品名称		抗压强度测试方法	试样受压面长度 L_1/mm	试样受压面长度 L_2/mm	试样受压面宽度 B_1/mm	试样受压面宽度 B_2/mm	最大破坏荷载 P/N
养护7 d	砖样 1	GB/T 2542—2012					
	砖样 2	GB/T 2542—2012					
	砖样 3	GB/T 2542—2012					
养护28 d	砖样 4	GB/T 2542—2012					
	砖样 5	GB/T 2542—2012					
	砖样 6	GB/T 2542—2012					

九、注意事项和建议

（1）原料颗粒在加水之前一定要进行初混，保证原料各组分充分混合接触，加水后充分搅拌均匀，压样时要小心生坯的破碎；

（2）进行压力测试的时候，一定要控制加荷速率，不宜超过 6 kN·s^{-1}，且要平稳加压，避免振动。

十、思考题

（1）结合赤泥的组成和特性及免烧砖成型和强度形成原理，说明赤泥为什么可用于制作免烧砖？

（2）在制作免烧砖的过程中，为什么要将各种原料粉碎至 100 目，且要完全混合均匀？

（3）在免烧砖压制成型后，要不断在砖表面喷洒水，进行养护，其养护原理是什么？

（4）结合免烧砖的制作过程，分析免烧砖与烧结砖相比有什么优势？

十一、主要参考文献

［1］何品晶. 固体废物处理与资源化技术［M］. 北京：高等教育出版社，2011：472-487.

［2］冯燕博. 混合赤泥胶结硬化机理研究及其工程应用［D］. 重庆：重庆大学，2015：61-85.

［3］季文君，刘云. 赤泥-粉煤灰免烧砖试样制备及工艺研究［J］. 材料科学，2019，9（1）：1-8.

［4］李春娥，李晓生，林蔚，等. 赤泥免烧砖的制备与硬化机理研究［J］. 高师理科学刊，2017，37（2）：52-54.

［5］杨艳娟，李建伟，张茂亮，等. 改性赤泥免烧砖的制备与放射性屏蔽机理分析［J］. 矿产保护与利用，2019，39（1）：95-99.

［6］中华人民共和国国家质量监督检验检疫总局. 砌墙砖试验方法：GB/T 2542—2012［S］. 北京：中国标准出版社，2012.

实验二十四　固体废物（含重金属污泥）的水泥固化

（实验学时：2 学时；编写人：金春姬；

编写单位：中国海洋大学）

一、实验目的

（1）比较含重金属污泥固化前后浸出毒性变化；

（2）掌握危险废物水泥固化操作方法；

（3）掌握固化产物力学稳定性评价方法；

（4）了解固体废物固化处理效果评估在废物处置与利用中的应用。

二、实验基本要求

（1）预习《固体废物处理与资源化技术》第七章、第九章有关固体废物固化/稳定化概念、固化操作程序；

（2）预习《固体废物处理与资源化技术》第七章固体废物固化/稳定化产物性能评价内容；

（3）预习固体废物固化/稳定化过程的影响因素。

三、实验原理

固化是指利用物理、化学方法将危险废物固定或包封在密实的惰性固体基材中，使其达到稳定化，其目的是使危险废物中的所有污染组分呈现化学惰性或被包裹起来，减少它在贮存或填埋处置过程中污染环境的潜在危险，使之便于运输、利用或处置。常用的固化剂有水泥、石灰、沥青等。

水泥是在高温下灼烧石灰石和黏土的混合物形成，其主要成分为 SiO_2、CaO、Al_2O_3 和 Fe_2O_3。水泥与水、废物混合后发生水合反应，最后形成与岩石性质相近的、整体的钙铝硅酸盐的坚硬晶体结构。简单模式下，水泥的水合反应可由下述方程表示：

$$2(3CaO \cdot SiO_2)+6H_2O \longrightarrow 3CaO \cdot 2SiO_2 \cdot 3H_2O+3Ca(OH)_2 \quad (24-1)$$

$$2(2CaO \cdot SiO_2)+4H_2O \longrightarrow 3CaO \cdot 2SiO_2 \cdot 3H_2O+Ca(OH)_2 \quad (24-2)$$

$$3CaO \cdot Al_2O_3+Ca(OH)_2+12H_2O \longrightarrow 4CaO \cdot Al_2O_3 \cdot 13H_2O \quad (24-3)$$

水泥固化工艺主要的影响因素有 pH、水∶水泥∶废物量的比例、凝固时间及添加剂。当 pH 较高时，一方面，许多金属离子会形成氢氧化物沉淀，并且水中碳酸盐浓度也会较高，有利于生成碳酸盐沉淀；另一方面，某些金属离子会形成带负电荷的羟基配合物，其溶解度反而可能会提高。例如，Cu 离子在 pH 大于 9 时，Zn 离子在 pH 大于 9.3 时，Cd 离子在 pH 大于 11.1 时，都会形成金属配合物，使溶解度反而升高。土木或建筑工程上水泥与水的比例一般为 1∶0.3~0.4，水泥砂浆的初凝时间大于 2 h，终凝时间在 48 h 以内。

水泥固化效果可用以下三个指标来评价：

（1）浸出率，是指将固化体浸于水中或其他溶剂中时有毒物质的浸出量，用于衡量固化处理在减少污染物毒性和降低污染物迁移性方面的效果；

（2）增容比，是指形成的固化体体积与被固化危险废物体积的比值，是鉴别固化方法优劣和衡量最终成本的重要指标；

（3）抗压强度，是指固化体受压至被破坏时的最大压应力值，是保证固化体安全贮存的重要指标。固化体的抗压强度一般要求达到 0.1~0.5 MPa。

四、课时安排

（1）理论课时安排：0.5 学时，介绍实验原理和实验程序。

（2）实验课时安排：1.5 学时（不含浸出毒性测试）。教师应提前几天备好含重金属污泥试样，事先测定污泥 pH、含水率、污泥中铜或锌等重金属含量（mg·kg^{-1}污泥干重）；然后按照设定的配比准备物料；制备固化体后室温放置 48 h 备用。物料称量备料、投入搅拌机搅拌、装填模具等操作过程可拍成视频，在课前发给学生预习。

五、实验材料

（一）试剂和物料

（1）含重金属污泥：电镀厂或钢线厂镀铜、镀锌车间废水处理污泥；

（2）固化剂：市售 32.5~42.5 级普通硅酸盐水泥；

（3）自来水。

（二）器皿

（1）锤子：1 个/组；

（2）干燥器：1 个/组；

（3）放大镜：1 个/组，放大倍数 10 倍以上；

（4）涂聚四氟乙烯的 9.5 mm 筛网：1 个/组；

（5）浸出毒性测试用器皿若干；

（6）铲刀：1 个/组；

（7）100～200 目砂布数张。

六、实验装置

（1）电子天平：量程 2 000 g，感量 0.01 g；

（2）电热恒温鼓风干燥箱：工作温度为室温 + 10～250 ℃，控温精度 ±1 ℃；

（3）pH 计：25 ℃时，精度为±0.05；

（4）HJW - 300 型混凝土搅拌机；

（5）PPR 柱状塑料管模具：ϕ50 mm×100 mm，数十个；

（6）压力机：能连续加荷，没有冲击，具有足够的吨位，能在总吨位的 10%～90%之间进行实验；

（7）数码相机或具有拍照功能的手机。

七、实验步骤和方法

（一）固化操作（教师提前完成，拍摄视频给学生观看）

含重金属污泥，事先测定重金属污泥 pH、含水率、污泥中铜或锌等重金属含量（mg·kg^{-1}污泥干重）。然后按照设定的物料配比准备物料。湿污泥：水泥配比可参考以下数据：1∶4、7∶13、1∶1，加水量保持水泥量的 30%。

将物料投入混凝土搅拌机内进行充分的搅拌混合，取出混合料装填柱状塑料管模具制备固化体，将固化体在室温下放置 48 h 备用。每个配比的固化体至少制作 6 块（单组），其中 2 块用于重金属浸出实验，其余在课堂上供学生操作。

（二）固化体剪切面观察

取养护 48 h 后的固化体，脱掉模具，用锤子击碎固化体，选取大块碎片用放大镜观察破碎面，主要观察不同物料配比的固化体中重金属污泥颗粒在水泥中的分布均匀程度，水泥对污泥颗粒的包封效果，用数码相机或手机拍照，并记录固化体编号，填写实验记录表 24-1。

（三）固化体抗压强度测试

（1）试样制备

取养护 48 h 后的固化体，脱掉模具，制作标准试样（直径 5 cm，允许变化范围值为 4.8~5.2 cm；高 10 cm，允许变化范围值为 9.5~10.5 cm），试样制备的精度，应达到下列标准：

　　a. 沿试样整个高度上，直径差不超过 0.3 mm；

　　b. 两端面的平行度，最大不超过 0.05 mm；

　　c. 端面应垂直于试样轴，最大偏差不超过 0.25°；

　　d. 试样表面应光滑处理；

　　e. 每种情况制备 3 个试样。

（2）试样安装

将试样置于压力机承压板的中心，调整有球形座的承压板，使之均匀受压。

（3）加荷

以 0.5~0.8 MPa·s^{-1} 的加荷速率加压，直至试样被破坏，记录破坏荷载及加载过程中出现的现象，描述实验结束时试样的破坏形态，实验记录表见表24-2。

（四）固化体重金属浸出毒性测试

含重金属污泥原样和固化体应过 9.5 mm 孔径的筛后，供浸出毒性实验用。粒径大的颗粒或块体通过破碎、切割或碾磨降低粒径。

浸出毒性测试可参照"实验十七"中硫酸硝酸法（HJ/T 299—2007）浸出或"实验十八"中醋酸缓冲溶液法（HJ/T 300—2007）浸出。可由学生完成浸出过程，由教师完成重金属浓度测试后将结果发给学生。

八、实验结果整理和数据处理要求

（一）实验结果记录

将实验结果记录于表 24-1~表 24-4。

表 24-1　固化体剪切面观察记录表（观察日期：　　年　　月　　日）

固化体编号	湿污泥∶水泥配比	试样 1	试样 2	试样 3	描述
1		（照片）	（照片）	（照片）	
2		（照片）	（照片）	（照片）	
3		（照片）	（照片）	（照片）	
⋮		⋮	⋮	⋮	

表 24-2　固化体抗压强度记录表

湿污泥：水泥配比	固化体	最大破坏荷载 P/N	试样断面积 A/mm^2	抗压强度 R_P/MPa	抗压强度 R_P 平均值/MPa	描述
1：4	试样 1					
	试样 2					
	试样 3					
7：13	试样 1					
	试样 2					
	试样 3					
1：1	试样 1					
	试样 2					
	试样 3					

注：抗压强度计算值应取三位有效数字。

表 24-3　浸出实验记录表

样品名称	浸出方法	提取瓶编号	样品质量/g	浸取剂体积/mL	浸出液 pH	消解液编号
污泥原样 1						
污泥原样 2						
1：4 固化体 1						
1：4 固化体 2						
7：13 固化体 1						
7：13 固化体 2						
1：1 固化体 1						
1：1 固化体 2						
空白						

表 24-4　重金属测试实验记录表

消解液编号	稀释倍数	元素 1 浓度 /(mg·L^{-1})	元素 2 浓度 /(mg·L^{-1})	元素 3 浓度 /(mg·L^{-1})	元素 4 浓度 /(mg·L^{-1})	……	备注
S-1	1						标液
S-2	1						标液
S-3	1						标液
S-4	1						标液
S-5	1						标液
							空白
							固化体
							固化体
							固化体
							固化体
							固化体
							污泥原样

（二）实验数据处理

（1）计算抗压强度平均值和标准偏差。

抗压强度 R_P 按式（24-4）计算：

$$R_P = \frac{P}{A} \tag{24-4}$$

式中：R_P——抗压强度，MPa；

　　　P——最大破坏荷载，N；

　　　A——垂直于加荷方向的试样断面积，mm^2。

（2）分析并剔除实验数据中的异常值（方法参见附录三第三节）。

九、注意事项和建议

（1）装在压力机上的试样临近破坏时，可放慢加荷速率，以防脆性碎片飞射；

（2）结合学生分组数，每组分配一个配比的固化体试样，将相同物料配比的抗压强度测试数据作为平行样，进行统计分析。

十、思考题

（1）重金属污泥的含水率和 pH 会如何影响水泥固化过程和效果？

（2）从固化体断面观察和抗压强度测试结果来看，适合安全处置的重金属污泥和水泥配比是哪一个？

（3）结合固化体重金属浸出毒性测试结果，评价不同物料配比的固化方案可行性。

十一、主要参考文献

［1］何品晶. 固体废物处理与资源化技术 ［M］. 北京：高等教育出版社，2011：311-318.

［2］唐大雄，刘佑荣，张文殊，等. 工程岩土学 ［M］. 2 版. 北京：地质出版社，1999：255-256.

［3］中华人民共和国住房和城乡建设部. 工程岩体试验方法标准：GB/T 50266—2013 ［S］. 北京：中国计划出版社，2013.

实验二十五　电子废物破碎-风选-高压静电分选组合资源化

（实验学时：4 学时；编写人：詹路、许振明；
编写单位：上海交通大学）

一、实验目的

（1）了解废旧电路板破碎-风选-高压静电分选组合的物理法资源化工艺；

（2）了解风选的技术特点及其在破碎和高压静电分选工艺衔接中的关键作用。

二、实验基本要求

（1）复习废旧电路板的破碎特性；

（2）复习高压静电分选的技术特点、固体废物风选技术原理；

（3）预习《固体废物处理与资源化技术》第十章。

三、实验原理

（一）过破碎现象

破碎电路板中金属和非金属剥离的最佳粒径是 0.6 mm 以下，即将废旧电路板破碎到小于 0.6 mm，才能使金属和非金属部分独立成为小颗粒。由于非金属的延展性比金属差得多，因此在破碎的过程中非金属更容易发生过破碎的现象，从而产生大量的非金属粉末。一方面，在高压静电分选时，这些非金属粉末容易粘着在金属颗粒周围，同时非金属粉末之间的团聚效应使得金属颗粒被较大的非金属粉团包埋，而无法充分荷电，从而影响了金属颗粒在脱离转辊时的轨迹，使其落入中间体或非金属产物区，造成中间体产物增多和金属产物的损失，并且也影响了非金属产物的纯度。另一方面，每经过一段时间的运行，高压静电分选机的电晕电极和静电电极都将由于非金属粉末的静电效应而出现不同程度的积尘。非金属粉末的积聚将影响电极表面电流和电荷分布，最终导致空间电场和空间电荷的变化，使得电场被削弱。而电场的削弱将直接影响金属和非金属颗粒的荷电和受力，最终导致非金属产物大量增加，甚至造成分选过程的破坏。

（二）风选原理

旋风分离器是常用的风选设备，根据入口结构形式、本体形状和气流进出方向等，可分为很多种类。在本实验中，将采用最常见的切流式筒锥型旋风分离器，如图 25-1 所示。旋风分离是根据气、固两相的离心力不同而进行的相分离。既可以用于气固分离实现除尘，也可以用于固体颗粒的分级。当气流以较高速度经进气管沿切向进入分离器后，气流在筒体与排气管间的圆环内做旋转运动，在到达锥形底部后旋转向上，最后经排气管排出。在此气流运动过程中，大颗粒随气流进入分离器后，由于离心力作用，将脱离气流轨道撞向外筒壁，在筒壁上由于失去惯性而沿器壁向下滑动，最后被收集；而小颗粒则由于其受到的离心力较小，将随气流一起运动，最后经排气管排出。旋风分离器正是基于这一原理来实现不同粒度颗粒的分级。

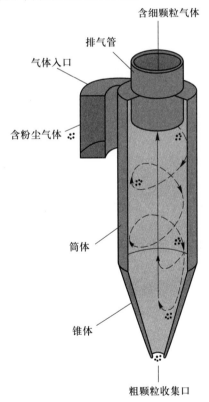

图 25-1　切流式筒锥型旋风分离器示意图

（三）废旧电路板破碎-风选-高压静电分选组合的物理法资源化工艺

如图 25-2 所示，在破碎与高压静电环节之间引入多级风选装置（旋风分离器），使用风力分选预先将混合颗粒中的非金属颗粒，尤其是小粒径的非金属颗粒分离出去，解决非金属粉末对高压静电分选带来的不利影响。

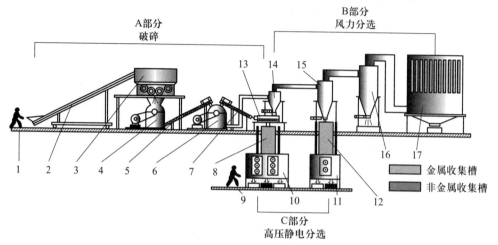

1. 上料工人；2. 传输带Ⅰ；3. 破碎；4. 剪切式破碎机；5. 绞龙传输Ⅰ；6. 锤式破碎机；

7. 绞龙传输Ⅱ；8. 传输带Ⅱ；9. 收集工人；10. 高压静电分选机；11. 两辊高压静电分选机；

12. 传输带Ⅲ；13. 振动筛；14. 旋风分离器Ⅰ；15. 旋风分离器Ⅱ；

16. 旋风分离器Ⅲ；17. 袋式除尘器

图 25-2 废旧电路板破碎-风选-高压静电分选组合的物理法资源化工艺示意图

四、课时安排

（1）理论课时安排：1 学时，介绍剪切式破碎机、锤式破碎机、风选机（旋风分离器）、高压静电分选机联合处理线，结合各技术环节原理，讲授固体废物的进料、二级破碎、多级风选、多辊高压静电分选过程。

（2）实验课时安排：3 学时，在破碎、筛分、高压静电分选实验的基础上，重点进行风力分选的实验，课后整理实验数据。

五、实验材料

（一）原材料

报废电脑中拆解所得废旧电路板：如图 25-3 所示，500 g/组。

（二）器皿

250~500 mL 烧杯：5 只/组，用于收集电路板破碎、风选物料。

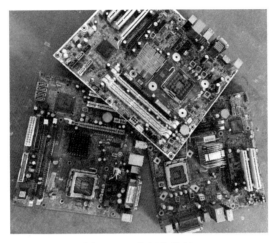

图 25-3　废旧电路板

六、实验装置

（1）电子天平：量程 500 g，感量 0.1 g；

（2）剪切式破碎机：功率 3 kW；

（3）锤式破碎机：功率 3 kW；

（4）风选机（旋风分离器）：风机频率可调（40~50 Hz）；

（5）高压静电分选机：供电系统最高电压 50 kV，振动给料，转辊电极转速可调（10~1 000 r·min^{-1}）；

（6）袋式除尘器：处理风量 40 m^3·h^{-1}，过滤面积 2 m^2，净化效率 ≥99.5%；

（7）风速计：0.3~0.34 m·s^{-1}；

（8）数控激光转速计：光电式，有效监测距离 50~250 mm，转速 2.5~999 r·min^{-1}；

（9）光学显微镜：目镜 10 倍，物镜 4 倍，带刻度载玻片。

七、实验步骤和方法

（一）废旧电路板二级破碎

依次采用剪切式破碎机、锤式破碎机破碎废旧电路板样品，破碎时间分别为 20 min 和 10 min，收集并称量破碎物料。

（二）破碎物料风选-高压静电分选

调节风机频率（40 Hz、42.5 Hz、45 Hz、47.5 Hz、50 Hz），同时用风速

计记录风速；固定高压静电分选机电压 25 kV，转辊转速 60 r·min⁻¹，称量并比较不同风机频率下，高压静电分选后金属、中间体、非金属收集槽内物料质量。

（三）分选物料形貌观察

对袋式除尘器所得物料进行显微观察，利用载玻片刻度测量其平均粒径。

八、实验结果整理和数据处理要求

（一）实验结果记录

将实验结果记录在表 25-1 中。

表 25-1 实验记录表

风机频率/Hz	40	42.5	45	47.5	50
金属颗粒质量/g					
非金属颗粒质量/g					
中间体质量/g					
袋式除尘器所得物料平均粒径/mm					

（二）实验数据处理

（1）计算金属颗粒、中间体、非金属颗粒质量的平均值和标准偏差；

（2）计算金属颗粒、中间体、非金属颗粒的质量分数；

（3）绘制风机频率与金属颗粒、中间体、非金属颗粒质量之间的关联图；

（4）筛选能真实反映风选去除细小颗粒尺寸、形貌的清晰图片；

（5）比较不同风机频率下袋式除尘器去除粉尘的效果。

九、注意事项和建议

（1）每次风选实验前，检查各出料口插板阀状态，检查进料口蝶阀状态；

（2）待电机转速稳定后，测定加料口风速；

（3）正确使用变频器设备，正确使用风速计。

十、思考题

（1）根据实验结果，为提高物料的高压静电分选效率，分析变频器是在低频率下运行还是高频率下运行好？

（2）假设破碎物料中含有大量细小粉尘，风选的作用除了提高分选效率以外，还有什么作用？

（3）影响风选效率的因素有哪些？

十一、主要参考文献

［1］何品晶. 固体废物处理与资源化技术［M］. 北京：高等教育出版社，2011：466-467.

［2］余璐璐. 破碎废旧电路板风选-高压静电分选技术研究［D］. 上海：上海交通大学，2011：32-35.

实验二十六　粉煤灰浮选提取炭粒

（实验学时：4 学时；编写人：周远松、汪群慧；
编写单位：北京科技大学）

一、实验目的

（1）了解粉煤灰对环境的危害及其用于建筑材料资源化的标准；

（2）掌握固体废物泡沫浮选分离技术；

（3）掌握浮选设备结构、原理和操作方法；

（4）了解影响浮选过程的因素及浮选条件的优化。

二、实验基本要求

（1）预习泡沫浮选分离技术原理；

（2）预习《固体废物处理与资源化技术》第二章和第十一章相关内容，粉煤灰烧失量测定方法；

（3）预习产率、烧失量、回收率的计算方法；

（4）预习炭粒热值测定方法。

三、实验原理

粉煤灰是我国当前排放量较大的工业固体废物之一。其产生的扬尘严重污染大气环境，灰浆流入到江河湖海，易阻塞河道影响水生生物的生长。目前，我国烧失量合格的高级别粉煤灰产量少，大部分粉煤灰炭含量高，无法直接作为制备建材产品的原料使用（表 26-1 为粉煤灰分级和质量指标）。而粉煤灰中流失的未燃炭粒又是巨大的能源资源浪费，严重影响粉煤灰的综合利用水平。如将粉煤灰作为一种原料资源，将其中未燃炭粒分选并提纯，获得高质量、高价值的产品，则可节约能源和资源。

浮选是根据物料表面物理化学性质的差异，在固体、液体、气体三相界面互相作用下进行的颗粒分离操作，其中起主要作用的是固体颗粒表面润湿性的差异。润湿性源于固体颗粒表面对液体分子的吸附作用，易被水润湿的颗粒为亲水性，不易被水润湿的颗粒为疏水性，润湿性是颗粒可浮选性最直观的标志。固体颗粒表面的润湿程度可以用接触角的大小来表征。如图 26-1 所示，当气泡在固体颗粒表面附着时，一般认为气泡与固体颗粒表面接触处是三相接触，此接触线称为"润湿周边"，在润湿周边上任何一处沿着气泡表面做切线，此切线在液体的一方与固体颗粒表面的夹角称为"接触角"（θ）。

表 26-1　粉煤灰分级和质量指标

粉煤灰等级	细度/%（45 μm 方孔筛的筛余量）	烧失量/%	需水量比/%	二氧化硫含量/%
I	≤12	≤5	≤95	≤3
II	≤20	≤8	≤105	≤3
III	≤45	≤15	≤115	≤3

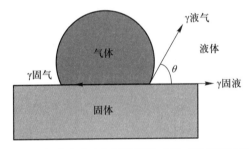

图 26-1　气泡在水中与固体颗粒表面三相接触示意图

　　粉煤灰中炭粒的表面润湿性与煤炭类似，接触角在 60° 左右；粉煤灰中其他颗粒的接触角在 10° 左右。因此，在泡沫浮选过程中，具有较大接触角的炭粒与气泡碰撞并黏附在气泡表面，随着气泡上浮至灰浆液面，形成泡沫层，由刮泡器刮出成为精炭产物，而其他不能黏附于气泡表面的颗粒则留在灰浆中，从而达到分离的作用。

　　虽然粉煤灰中未燃炭粒与煤的表面润湿性类似，但由于经过高温燃烧及水淬冷却，粉煤灰中未燃炭粒的表面性质已发生改变，再加上在水中长期浸泡，其表面已严重氧化，增加了它表面的亲水性，所以浮选活性要低于煤炭。因此，泡沫浮选粉煤灰中未燃炭粒时，必须添加浮选药剂来改善和强化浮选过程，提高未燃炭粒的回收率。

四、课时安排

　　（1）理论课时安排：1 学时，回顾课堂教学知识点，了解预习情况；讲解浮选分离技术流程，介绍浮选机的原理、结构及基本操作方法。

（2）实验课时安排：3学时，其中，浮选（粗选+扫选）约1.5学时；抽滤精炭C和尾灰D，并做好标记放置电热恒温鼓风干燥箱烘干约0.5学时；称量烘干至恒重后的精炭C、尾灰D和粉煤灰样品，放置于马弗炉内灼烧约0.5学时，浮选产物精炭C热值测定约0.5学时。分组开展实验，每组由3~4名同学组成，分别进行不同灰浆浓度、不同起泡剂用量、不同捕收剂用量、不同搅拌和充气时间条件下的浮选提炭实验；实验过程中发现问题及时与学生沟通，并引导学生自行解决。

五、实验材料

（一）试剂

（1）粉煤灰：100 g/组；

（2）水：500 mL/组；

（3）柴油：0号轻柴油；

（4）2号油：松醇油。

（二）器皿

（1）1 000 mL 塑料烧杯：1 只/组；

（2）玻璃棒：1 支/组；

（3）1 mL 注射器：2 只/组；

（4）500 mL 量筒：1 只/组；

（5）100 mm 玻璃表面皿：1 片/组；

（6）50 mL 瓷坩埚：5 只/组。

六、实验装置

（1）电子天平：量程1 000 g，感量0.01 g；

（2）XFD型单槽式浮选机：0.5 L；

（3）电热恒温鼓风干燥箱：工作温度为室温+10 ~ 250 ℃，控温精度±1 ℃；

（4）箱式马弗炉：最高使用温度1 200 ℃，控温精度±1 ℃；

（5）万用全自动热值测定仪：温度分辨率0.000 1 ℃；

（6）真空抽滤装置：最大真空度0.009 8 MPa，抽气量10 L·min^{-1}；

（7）超声波清洗器：超声频率40 kHz，温度为室温~80 ℃。

七、实验步骤和方法

（一）浮选提炭过程

粉煤灰浮选提取未燃炭粒实验流程如图 26-2 所示。

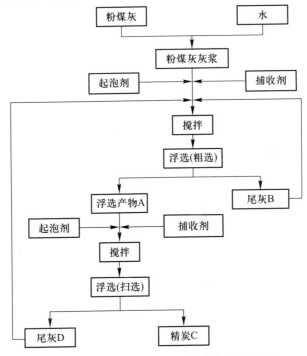

图 26-2　粉煤灰浮选提取未燃炭实验流程图

（1）调整好浮选槽的位置，使叶轮不与槽底和槽壁接触，将浮选机转速调整为 1 800 r·min^{-1}，充气量为 0.2 m^3·h^{-1}；

（2）称取 100 g 粉煤灰放入 1 000 mL 烧杯中，加入 400 mL 水配成质量浓度为 20% 的灰浆，超声 15 min 后将全部灰浆倒入 500 mL 浮选槽中，启动浮选机搅拌叶轮使灰浆以回流状态往复循环，当粉煤灰完全润湿后，关闭浮选机，静置 10~15 min；

（3）启动浮选机搅拌叶轮，一边搅拌一边向灰浆中按照 800 g·t^{-1} 条件滴加捕收剂（柴油），继续搅拌 10 min 左右，再向灰浆中按照 400 g·t^{-1} 条件滴加起泡剂（2 号油），继续搅拌 8 min 左右；

（4）开启进气阀门充入气泡（充气量 0.2 m^3·h^{-1}），开始浮选；

（5）启动刮泡器刮取泡沫，刮泡时间 5 min，完成浮选（粗选）分别得到浮选产物 A 和尾灰 B；

（6）将浮选产物 A 按照（2）~（5）的操作过程进行浮选（扫选），获得精炭 C 和尾灰 D；

（7）针对产物 A、B、C、D 分别进行真空抽滤操作，并在 100~105 ℃下烘干至恒重，称量其质量；

（8）改变粉煤灰浆浓度、起泡剂和捕收剂用量、浮选时间、搅拌速率和充气时间等浮选条件，重复上述实验步骤（1）~（7），比较不同条件对浮选提取未燃炭粒结果的影响。

（二）烧失量测定

分别称取 1.0 g（±0.1 g）干燥粉煤灰样品、干燥后产物 A、B、C、D（精确到 0.000 1 g），放入已恒重的 50 mL 瓷坩埚内，将装有分析样品的坩埚放入马弗炉内，以 5 ℃·min^{-1} 设定程序升温速率至 815 ℃，在此温度下焙烧 3 h，待瓷坩埚干燥状态下冷却至室温后称重（马弗炉燃烧法）。瓷坩埚的预烧和冷却、焙烧后样品冷却和称重由实验任课教师完成。

（三）热值测定

按照热值测定实验操作，测定干燥后精炭 C 的热值。

八、实验结果整理和数据处理要求

（一）实验结果记录

将实验结果记录于表 26-2。

表 26-2　实验记录表

分析样品	粉煤灰	浮选产物 A	尾灰 B	精炭 C	尾灰 D
干燥样质量/g					
产率/%	—				
坩埚质量/g					
灼烧前质量/g					
灼烧后质量/g					
烧失量/%					
灰分含量/%					
炭回收率/%	—				—

（二）实验数据处理

（1）浮选产率按式（26-1）计算。

$$\eta_i = \frac{m_i}{M} \times 100\% \tag{26-1}$$

式中：η_i——浮选产物 i 的产率，%；

$\quad\quad m_i$——浮选产物 i 的质量，g；

$\quad\quad M$——浮选所用粉煤灰的质量，g。

（2）烧失量按式（26-2）计算。

$$\text{LOI}_i = \frac{m_{i2} - m_{i1}}{m_{i1} - m_{i0}} \times 100\% \tag{26-2}$$

式中：LOI_i——样品 i 的烧失量，%；

$\quad\quad m_{i0}$——用于样品 i 的空坩埚质量，g；

$\quad\quad m_{i1}$——灼烧前干燥样品 i 和坩埚的质量，g；

$\quad\quad m_{i2}$——灼烧后干燥样品 i 和坩埚的质量，g。

（3）灰分含量按式（26-3）计算。

$$\omega_{Ai} = \frac{m_{i2} - m_{i0}}{m_{i1} - m_{i0}} \times 100\% \tag{26-3}$$

式中：ω_{Ai}——样品 i 的灰分含量，%。

（4）炭回收率按式（26-4）计算。

$$\text{RUC} = \frac{(\eta_C \times \text{LOI}_C)}{\text{LOI}_y} \tag{26-4}$$

式中：RUC——精炭 C 中的炭回收率，等于粉煤灰中的炭脱除率，%；

$\quad\quad \eta_C$——精炭产率，%；

$\quad\quad \text{LOI}_C$——精炭烧失量，%；

$\quad\quad \text{LOI}_y$——粉煤灰烧失量，%。

九、注意事项和建议

（1）样品放入电热恒温鼓风干燥箱后可以第二天完成称重，并将烘干后的样品放入马弗炉内焙烧；

（2）焙烧约 8 h（程序升温 3 h+保持 3 h+降温 2 h）后，可由实验教师取出样品完成称量；

（3）整个实验过程不涉及有毒有害固体、液体、气体的产生；

（4）马弗炉使用期间避免学生触碰，焙烧完成后需完全降至室温再开启炉门；

（5）热值测定注意氧气瓶的使用，开启瓶阀和减压器时，人要站在侧面。

十、思考题

（1）分析改变捕收剂和起泡剂用量对粉煤灰浮选提炭效果的影响。

（2）分析改变灰浆浓度、浮选时间对粉煤灰浮选提炭效果的影响。

（3）分析改变叶轮转速、充气量对粉煤灰浮选提炭效果的影响。

十一、主要参考文献

［1］何品晶. 固体废物处理与资源化技术 ［M］. 北京：高等教育出版社，2011：488-494.

［2］胡海祥. 矿物加工实验理论与方法 ［M］. 北京：冶金工业出版社，2012：101-122.

［3］余新阳. 矿物加工工程专业实验指导书 ［M］. 南昌：江西高校出版社，2010：6-23.

［4］黄川，曹亦俊，刘长青，等. 粉煤灰中未燃炭回收的试验研究 ［J］. 矿产综合利用，2017，（3）：90-94.

［5］徐明，刘长青，冉进财. 粉煤灰中未燃炭浮选脱除及其影响因素 ［J］. 煤炭技术，2016，35（4）：283-285.

实验二十七 粉煤灰提取氧化铝与残渣烧制校徽

（实验学时：4~8 学时；编写人：乔秀臣；

编写单位：华东理工大学）

一、实验目的

（1）培养学生对于固体废物资源化利用的全局观念和循环理念；

（2）认识固体废物资源化利用过程中多学科交叉的重要性；

（3）掌握固体废物资源化涉及的物理与化学处理基本方法；

（4）加深对《固体废物处理与资源化技术》教材中涉及的破碎、热处理等方法的认知。

二、实验基本要求

（1）预习固体废物的破碎知识；

（2）预习固体废物的热处理知识；

（3）了解粉煤灰的形成与利用现状；

（4）了解我国氧化铝生产现状。

三、实验原理

煤层附近的岩石层如果赋存铝土矿，所开采的煤经锅炉燃烧后收集的粉末物料即为氧化铝含量较高的粉煤灰。其中的含铝物相包括莫来石（$3Al_2O_3 \cdot 2SiO_2$）、氧化铝等。粉煤灰中的莫来石或氧化铝与碳酸钠（Na_2CO_3）在 900 ℃下反应［见式（27-1）~式（27-3）］，生成 $Na_2O \cdot Al_2O_3 \cdot 2SiO_2$、$Na_2O \cdot Al_2O_3 \cdot 6SiO_2$ 和 $Na_2O \cdot Al_2O_3$。高温反应产物磨细后，与盐酸反应即可将 Al 浸出［见式（27-4）~式（27-6）］。浸取残渣以 SiO_2 为主，具有很高的反应活性，与粉煤灰以一定比例混合并压制成型，经 1 150 ℃烧结即可成为具有一定形状与图案的陶瓷材料。

$$3Al_2O_3 \cdot 2SiO_2 + 3Na_2CO_3 + 4SiO_2$$
$$\longrightarrow 3(Na_2O \cdot Al_2O_3 \cdot 2SiO_2) + 3CO_2 \qquad (27-1)$$

$$3Al_2O_3 \cdot 2SiO_2 + 3Na_2CO_3 + 16SiO_2$$
$$\longrightarrow 3(Na_2O \cdot Al_2O_3 \cdot 6SiO_2) + 3CO_2 \qquad (27-2)$$

$$Al_2O_3 + Na_2CO_3 \longrightarrow Na_2O \cdot Al_2O_3 + CO_2 \qquad (27-3)$$

$$Na_2O \cdot Al_2O_3 \cdot 2SiO_2 + 8HCl$$
$$\longrightarrow 2NaCl + 2AlCl_3 + 2SiO_2 + 4H_2O \qquad (27-4)$$

$$Na_2O \cdot Al_2O_3 \cdot 6SiO_2 + 8HCl$$
$$\longrightarrow 2NaCl + 2AlCl_3 + 6SiO_2 + 4H_2O \qquad (27-5)$$

$$Na_2O \cdot Al_2O_3 + 8HCl \longrightarrow 2NaCl + 2AlCl_3 + 4H_2O \qquad (27-6)$$

四、课时安排

（1）理论课时安排：0.5 学时，讲授实验原理和步骤，分组安排。

（2）实验课时安排：3.5~7.5 学时。实验过程中，粉煤灰与碳酸钠混合后焙烧，以及浸取残渣与粉煤灰混合后烧制校徽两个步骤，均耗时较长，而且均是等待时间，所以在教学过程中，为了保证实验紧凑，可以将前一批学生焙烧的粉煤灰与碳酸钠混合样品作为当前一批学生的浸取样，当前一批学生焙烧的粉煤灰与碳酸钠混合样品作为下一批次学生的浸取样。实验开始后，每组一部分学生开展粉煤灰与碳酸钠混合、压制成型实验，一部分学生开展焙烧样破碎、研磨及浸取实验。浸取实验完成过滤分离步骤后，每组的一部分学生开展铝、铁和钙的滴定操作，一部分学生收集过滤残渣，完成与粉煤灰混合、校徽压制成型与烘干操作。

五、实验材料

（一）试剂与原料

（1）粉煤灰：20 g/人；

（2）分析纯试剂：碳酸钠、盐酸（36%~38%）、乙酸铅、氟化钾、氟化铵、EDTA（乙二胺四乙酸二钠）、冰醋酸、甲基百里香酚蓝、酚酞、钙黄绿素、半二甲酚橙、无水乙酸钠、氨水（26%~28%）、氢氧化钾、磺基水杨酸钠、苦杏仁酸、硝酸银、三乙醇胺；

（3）去离子水。

（二）器皿

（1）250 mL 锥形瓶：6 只/组；

（2）150 mL 带磨口塞和磨口夹的锥形瓶：1 只/组；

（3）250 mL 容量瓶：1 只/组；

（4）150 mL 烧杯：1 只/组；

（5）500 mL 洗瓶：1 只/组；

（6）10 mL 移液管：1 支/组；

（7）100 ℃ 温度计：1 个/组；

（8）50 mL 瓶口滴定器：2 个/组；

（9）25 mL 瓶口分液器：1 个/组；

（10）10 mL 瓶口分液器：2 个/组；

（11）5 mL 量筒：1 只/组；

（12）10 mL 量筒：2 只/组；

（13）100 mL 量筒：1 只/组；

（14）150 mm×150 mm×30 mm 氧化铝匣钵：2 个/组；

（15）500 mL 抽滤瓶：1 只/组；

（16）9 cm 玻璃纤维快速定量滤纸；

（17）9 cm 布氏漏斗：1 个/组；

（18）口径 100 mm 陶瓷研钵：1 个/组；

（19）牛角/塑料、钢质药匙：各 1 把/组；

（20）80 mm 称量纸；

（21）30 mm 磁力搅拌子：1 个/组；

（22）150 mm 培养皿：2 个/组；

（23）黏土保温砖 4 块；

（24）长柄坩埚钳 1 把；

（25）有聚四氟乙烯涂层的 125 μm 方孔径筛：1 个/组；

（26）5 mL 一次性滴管：3 支/组；

（27）10 mL 一次性滴管：1 支/组；

（28）pH 试纸（1~14）：1 包/组。

（三）溶液准备

按照国标《建材用粉煤灰及煤矸石化学分析方法》（GB/T 27974—2011）配制（此处配液所需器皿会超出前述（二）中范围，需根据国标需求另外配置）：

（1）EDTA 标准溶液：0.015 mol·L^{-1}；

（2）半二甲酚橙指示剂：5 g·L^{-1}；

（3）1+1 氨水；

（4）pH＝6 的缓冲溶液；

（5）乙酸铅标准溶液：0.015 mol·L^{-1}；

（6）1+3 三乙醇胺溶液；

（7）氢氧化钾溶液：200 g·L^{-1}；

（8）钙黄绿素–甲基百里香酚蓝–酚酞混合指示剂；

（9）氟化铵溶液：100 g·L^{-1}；

（10）氟化钾溶液：20 g·L^{-1}；

（11）1+1 盐酸；

（12）磺基水杨酸钠指示剂：100 g·L^{-1}；

（13）硝酸银溶液：5 g·L^{-1}；

（14）苦杏仁酸溶液：100 g·L^{-1}。

六、实验设备

（1）真空泵：极限真空≤20 Pa；

（2）pH 计：精度±0.02；

（3）8 联浸取反应器：搅拌转速≥100 r·min^{-1}；

（4）电子天平：量程 200 g，感量 0.000 1 g；

（5）电子天平：量程 2 000 g，感量 0.01 g；

（6）高温电阻炉：最高 1 400 ℃；

（7）耐酸加热台：最高 300 ℃；

（8）电热恒温鼓风干燥箱：工作温度为室温 + 10 ~ 250 ℃，控温精度±1 ℃；

（9）台式压力机：最高 40 kN；

（10）颚式破碎机：入料粒度≤80 mm，出料粒度≤10 mm；

（11）ϕ25 mm 钢制模具：2 套；

（12）ϕ40 mm 钢制校徽模具：4 套。

七、实验步骤和方法

实验流程如图 27-1 所示。

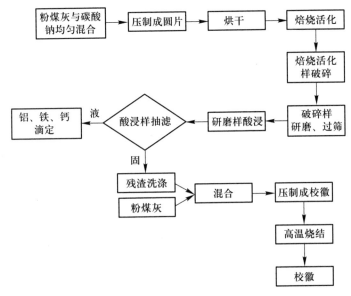

图 27-1　实验流程图

（一）校徽制备

（1）分别称取 20±0.02 g 粉煤灰和 10±0.02 g 碳酸钠（每位同学 1 份），置于陶瓷研钵中仔细研磨，使之混合均匀；然后滴加混合料质量 15% 的去离子水，用药匙继续搅拌均匀制得压片混合料。实验所用无水碳酸钠，在称量前需先经研钵磨细。

（2）将 1/2 的压片混合料装入 ϕ25 mm 钢制模具，用台式压力机压制成 ϕ25 mm×（5～10）mm 圆片，置于 150 mm 培养皿中，然后放入电热恒温鼓风干燥箱中 150 ℃ 烘干 3 h。戴棉手套取出盛有烘干圆片的培养皿，将圆片移入氧化铝匣钵中，穿戴高温防护手套、高温防护眼镜和实验服，用坩埚钳将匣钵直接放入已经升温到 900 ℃ 的高温电阻炉内，在 900 ℃ 下保温 40 min。压制用于焙烧活化的圆片和校徽模具，均可采用图 27-2～图 27-5 的样式加工，区别在于用来压制焙烧活化圆片的模具，图 27-3 的 P 端面是光滑面，而压制校徽时，图 27-3 的 P 端面是校徽的阴模。

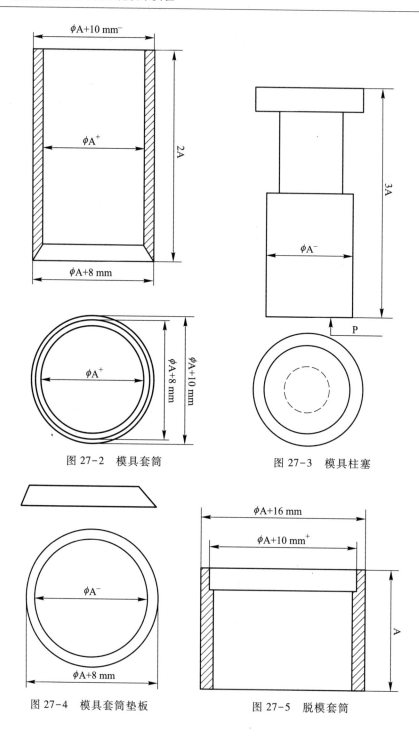

图 27-2　模具套筒

图 27-3　模具柱塞

图 27-4　模具套筒垫板

图 27-5　脱模套筒

（3）900 ℃下保温时间结束后，穿戴高温防护手套、高温防护眼镜和实验服，用坩埚钳将匣钵直接从高温电阻炉内取出，置于黏土保温砖上冷却至室温，收集烧制的圆片，即为焙烧活化样。

（4）用颚式破碎机将冷却到室温的焙烧活化样破碎，然后用陶瓷研钵研磨至全部通过 125 μm 方孔径筛，作为酸浸实验的原料。

（5）在 150 mL 锥形瓶内，先后加入 50 mL 的 10% 盐酸、5±0.01 g 步骤（4）中过 125 μm 方孔径筛的物料和磁力搅拌子，将已盛放好物料的锥形瓶放入 90 ℃的 8 联浸取反应器中，搅拌 30 s 后再盖磨口塞，并用磨口夹固定，开始记录时间，浸取 30 min。

（6）浸取时间结束后，采用真空抽滤方式，对（5）中浸取物料进行固液分离，并用不少于 100 mL 但不超过 150 mL 的去离子水洗涤滤饼，滤液定容到 250 mL。

（7）按照《建材用粉煤灰及煤矸石化学分析方法》（GB/T 27974—2011），测定溶液中铝、铁、钙的浓度，并根据教师提供的粉煤灰组成，计算粉煤灰中铝、铁、钙的浸出率。

（8）酸浸残渣继续用去离子水洗涤至洗涤液中无氯（用硝酸银溶液检验）。将湿基酸浸残渣与 5 倍湿基酸浸残渣质量的粉煤灰于 150 mL 烧杯中混合均匀，用 ϕ40 mm 钢制校徽模具压制成校徽坯体（建议厚度 5~10 mm），放入培养皿于 80 ℃电热恒温鼓风干燥箱中烘 24 h 后，移入氧化铝匣钵中，置于高温电阻炉中，码放合适，从室温耗时 1~2 h 升至 1 150 ℃，然后保温 1 h，随炉冷却至室温，即得陶瓷校徽。

（二）浸出液铝、铁、钙浓度的滴定

记录浸出液体积，将浸出液定容至 250 mL 作为待测溶液。

（1）浸出液铁浓度的滴定

用 10 mL 移液管准确吸取 10 mL 待测溶液，置于 250 mL 锥形瓶中，加水稀释至约 100 mL，用滴管滴加 1+1 盐酸溶液或 1+1 氨水溶液，调节待测溶液 pH 至 1.8~2.0（用 pH 计检验），在加热台上将溶液加热至约 70 ℃，取下后用滴管滴加 10 滴 100 g·L^{-1} 磺基水杨酸钠指示剂，此时溶液为紫红色或淡红色。立即用 EDTA 标准溶液（0.015 mol·L^{-1}）滴定至亮黄色（铁浓度低时为无色，终点时温度应不低于 60 ℃）。保留此溶液供滴定三氧化二铝用。记录 EDTA 标准溶液用量。每组每位同学滴定 1 次，每组滴定总次数少于 3 次时，补足 3 次。

（2）浸出液铝浓度的滴定

在滴定完铁的溶液中，加入 10 mL 苦杏仁酸溶液，然后加入对铁、铝过量 10~15 mL 的 0.015 mol·L^{-1} EDTA 标准溶液（一般为 30~45 mL），用 1+1 氨水溶液调节 pH 为 4 左右（pH 试纸检验），然后将溶液在加热台上加热至 70~80 ℃，再加入 pH 为 6 的缓冲溶液，并加热煮沸 5~10 min。取下后用冷水浴冷却，加入 7~8 滴半二甲酚橙指示剂（5 g·L^{-1}），用 0.015 mol·L^{-1} 乙酸铅标准溶液滴定至溶液由黄色变为橙红色，不记读数。然后立即向溶液中加入 10 mL 氟化铵溶液（100 g·L^{-1}），并加热煮沸 1~2 min，取下后用冷水浴冷却，补加 2~3 滴半二甲酚橙指示剂（5 g·L^{-1}），用 0.015 mol·L^{-1} 乙酸铅标准溶液滴定至溶液由黄色变为橙红色，即为终点，记录乙酸铅标准溶液用量。每组每位同学滴定 1 次，每组滴定总次数少于 3 次时，补足 3 次。

（3）浸出液钙浓度的滴定

用 10 mL 移液管准确吸取 10 mL 待测溶液，置于 250 mL 锥形瓶中，用 10 mL 量筒量取 10 mL 氟化钾溶液（20 g·L^{-1}）倒入锥形瓶中，放置 2 min 以上，加水稀释至约 100 mL，加入 3 mL 1+3 三乙醇胺溶液和少许钙黄绿素-甲基百里香酚蓝-酚酞混合指示剂，用 10 mL 滴管加入 200 g·L^{-1} 氢氧化钾溶液至溶液出现绿色荧光后再过量 7~8 mL（若滴加氢氧化钾溶液时出现白色絮状物，应该继续滴加直至絮状物消失），此时溶液 pH 应大于 13。每加一种试剂，均应搅匀。绿色荧光的判断应将锥形瓶置于黑色底板上，视线应透过瓶身侧面与黑色底板呈 45°观察。用 0.015 mol·L^{-1} EDTA 标准溶液滴定至绿色荧光完全消失，即为终点，记录 EDTA 标准溶液用量。每位同学滴定 1 次，滴定总次数少于 3 次时，补足 3 次。

八、实验结果整理和数据处理要求

（一）实验结果记录

将实验结果记录于表 27-1。

表 27-1 实验记录表

编号	铝			钙			铁		
	移液量 /mL	乙酸铅消耗 体积/mL	浸出率 /%	移液量 /mL	EDTA 消耗 体积/mL	浸出率 /%	移液量 /mL	EDTA 消耗 体积/mL	浸出率 /%
1									
2									
3									
平均值									
标准偏差									

（二）实验数据处理

计算三氧化二铁含量、三氧化二铝含量、氧化钙含量、铁浸出率、钙浸出率、铝浸出率。

三氧化二铁质量分数计算公式：

$$w_{Fe_2O_3} = \frac{25 \times T_{Fe_2O_3} \times V_1 \times 100\%}{m \times 1\ 000} \qquad (27-7)$$

三氧化二铝质量分数计算公式：

$$w_{Al_2O_3} = \frac{25 \times T_{Al_2O_3} \times K_2 \times V_2 \times 100\%}{m \times 1\ 000} \qquad (27-8)$$

氧化钙质量分数计算公式：

$$w_{CaO} = \frac{25 \times T_{CaO} \times V_3 \times 100\%}{m \times 1\ 000} \qquad (27-9)$$

式中：$w_{Fe_2O_3}$——浸出液中 Fe_2O_3 含量占活化样总量的质量分数，%；

$T_{Fe_2O_3}$——EDTA 标准溶液对 Fe_2O_3 的滴定度，$mg \cdot mL^{-1}$；

V_1——滴定铁实验中消耗 EDTA 标准溶液的体积，mL；

25——全部试样溶液与所取溶液的体积比；

m——称取的活化样样品质量，g；

$w_{Al_2O_3}$——浸出液中 Al_2O_3 含量占活化样总量的质量分数，%；

$T_{Al_2O_3}$——EDTA 标准溶液对 Al_2O_3 的滴定度，$mg \cdot mL^{-1}$；

K_2——每 mL 乙酸铅标准滴定溶液相当于 EDTA 标准滴定溶液的 mL 数，量纲为 1；

V_2——滴定消耗乙酸铅标准溶液的体积，mL；

w_{CaO}——浸出液中 CaO 含量占活化样总量的质量分数，%；

T_{CaO}——EDTA 标准溶液对 CaO 的滴定度，$mg \cdot mL^{-1}$；

V_3——滴定钙实验中消耗 EDTA 标准溶液的体积，mL。

铁浸出率计算公式：

$$X_{Fe} = \frac{w_{Fe_2O_3}}{W_{Fe_2O_3}} \times 100\% \qquad (27-10)$$

铝浸出率计算公式：

$$X_{Al} = \frac{w_{Al_2O_3}}{W_{Al_2O_3}} \times 100\% \qquad (27-11)$$

钙浸出率计算公式：

$$X_{Ca} = \frac{w_{CaO}}{W_{CaO}} \times 100\% \qquad (27-12)$$

式中：X_{Fe}——铁浸出率，%；

$W_{Fe_2O_3}$——活化样中 Fe_2O_3 含量，%；

X_{Al}——铝浸出率，%；

$W_{Al_2O_3}$——活化样中 Al_2O_3 含量，%；

X_{Ca}——钙浸出率，%；

W_{CaO}——活化样中 CaO 含量，%。

九、注意事项和建议

（1）实验过程中必须佩戴护目镜，穿实验服，不得穿短裤、裙子和凉/拖鞋；

（2）实验中所使用的所有玻璃器皿，均需在酸洗箱（10%硝酸溶液）中浸泡 24 h，取出后先经自来水冲洗，然后用去离子水润洗 3~6 次；

（3）溶液配置及所有实验步骤操作过程，均需佩戴丁腈橡胶手套；

（4）搅拌实验时需佩戴一次性口罩；

（5）高温操作必须穿戴高温防护眼镜、手套与服装（棉质的实验服可以短时间代替高温服）。

十、思考题

（1）讨论我国粉煤灰资源化利用的原则。

（2）粉煤灰提取氧化铝为什么需要先焙烧活化？

（3）哪些因素影响粉煤灰中铝的浸取率？

（4）如果有异常数据，分析为什么发生？如何避免？

十一、主要参考文献

［1］何品晶. 固体废物处理与资源化技术［M］. 北京：高等教育出版社，2011：488-494.

［2］王金磊，乔秀臣. 碳酸钠-粉煤灰烧结样中铝、铁、硅的酸浸规律［J］. 华东理工大学学报（自然科学版），2013，39（6）：685-688.

［3］李贺香，马鸿文. 高铝粉煤灰中莫来石及硅酸盐玻璃相的热分解过程［J］. 硅酸盐通报，2006，25（4）：1-5.

［4］刘能生，彭金辉，张利波，等. 高铝粉煤灰碳酸钠焙烧与酸浸提铝的

动力学 ［J］. 过程工程学报，2016，16（2）：216-221.

［5］ 中华人民共和国国家质量监督检验检疫总局. 建材用粉煤灰及煤矸石化学分析方法：GB/T 27974—2011 ［S］. 北京：中国标准出版社，2011.

实验二十八 农业废物制糠醛

（实验学时：4 学时；编写人：张璐鑫；
编写单位：西安建筑科技大学）

一、实验目的

（1）掌握用木质纤维素类农业废物制取糠醛的实验方法，增强对农业废物高值资源化利用的理解；

（2）学习采用正交实验法处理多因素实验；

（3）能够合理设计正交实验，自主确定不同的反应条件，包括催化剂投加量、反应温度及时间等，通过实验进一步理解所选择的实验条件对糠醛产率的影响。

二、实验基本要求

（1）预习《固体废物处理与资源化技术》第十二章相关内容，了解农业废物性质；

（2）预习木质纤维素类农业废物制取糠醛的实验原理；

（3）预习正交实验的原理及设计要领。

三、实验原理

木质纤维素类农业废物制取糠醛的反应原理是以"γ-戊内酯/水"体系为反应介质，在催化剂（如本实验中采用的特种金属盐）作用下，木质纤维素类农业废物中的半纤维素和纤维素均可向糠醛转化。其中，半纤维素转化为糠醛的反应较纤维素的转化更为容易。由农业废物制取糠醛要经过连续多步反应，主要有两大步骤：① 水解阶段，半纤维素和纤维素中的糖苷键在催化剂作用下断裂，水解为戊糖和己糖单体，"γ-戊内酯/水-催化剂"反应体系中，己糖单体可经过 C—C 键的断裂继续转化为戊糖；② 脱水阶段，戊糖单体经过脱水反应生成糠醛。此外，木质纤维素类农业废物制取糠醛的反应过程中，会发生若干副反应而导致糠醛产率下降，主要有糖类及糠醛分子裂化为小分子化合物的反应，糠醛与原料或中间产物之间、各种中间产物之间的聚合及缩合反应。多级副反应的产物是胡敏素。

实验终止后，木质纤维素类农业废物转化的反应体系中含有目标产物糠醛，以及其他副产物。采用高效液相色谱分析时，样品溶液进入高效液相色谱系统的流动相，被流动相载入色谱柱（固定相）内。由于样品溶液中的各组分在固定相和流动相间具有不同的分配系数，当各组分随流动相一起运动时，在两相间经过连续反复多次的分配，形成差速运动而被分离，依次从柱内流出，实现糠醛与其他产物的分离。色谱柱后连接的检测器将样品浓度转换成电信号，数据以图谱形式呈现，峰面积和浓度成正比，通过保留时间定性、峰面积定量，完成糠醛组分的测试。

受限于实验场地、实验经费和人力等，包含水平组合数较多、工作量大的多因素实验常常难于实施。当寻求最优水平组合是实验的主要目的时，可利用正交设计来安排实验。正交实验法是科学安排多因素实验的一种高效率实验设计方法。它从多因素实验的全部水平组合中均衡抽样，抽取具有代表性的水平组合，通过分析这部分的实验结果，找出最优的水平组合，了解多因素实验的情况。正交表是正交实验设计的基本工具，它是根据均衡分布的思想，运用组合数学理论构造的一种数学表格，均衡分布性是正交表的核心。数学工作者已制定出了常用的正交表，供正交实验设计时选用。

四、课时安排

（1）理论课时安排：0.5 学时，讲解实验原理、注意事项及数据处理方法。

（2）实验课时安排：3.5 学时，其中原料粉碎和制样、标准溶液配置和标准曲线绘制约需 0.5 学时；正交实验及样品测试约需 3 学时。

实验前，由指导教师准备好干燥无蛀的原料，各组学生任选原料进行实验。此外，指导教师提前按本实验"六、实验装置"中（4）的条件运行高效液相色谱仪，确保标准曲线样品测试时（大约为实验课开始 1 学时后）液相色谱仪基线已稳定。样品测试可根据学生是否在仪器分析实验课中学习过液相色谱操作，由学生自行测样或指导教师协助测样。

五、实验材料

（一）试剂及原料

（1）原料：玉米芯、甘蔗渣、油茶壳、各类农作物秸秆等木质纤维素类农业废物，5 g/组；

（2）催化剂：优级纯 $FeCl_3 \cdot 6H_2O$ 或 $Al_2(SO_4)_3$（任选一种即可）；

（3）糠醛分析标准品、乙腈溶液（体积分数 15%）、优级纯 γ-戊内酯、蒸馏水。

（二）器皿

（1）synthware V131008 厚壁玻璃反应瓶及配套搅拌子：9 套/组；

（2）100~1 000 μL、1 000~5 000 μL 移液枪（或 1 mL、5 mL 移液管）：各 1 支/组；

（3）0.2 mm 标准筛：1 只/组；

（4）容量瓶：1 000 mL 棕色容量瓶 1 只/组，100 mL 棕色容量瓶 1 只/组，10 mL 棕色容量瓶 15 只/组；

（5）一次性注射器：15 个/组，量程 0~2 mL；

（6）针头式过滤器（13 mm×0.22 μm，有机系）：15 个/组；

（7）2 mL 棕色液相色谱进样瓶：15 个/组；

（8）导热油：根据油浴锅大小配置消耗量；

（9）隔热手套：1 双/组；

（10）2 mL 离心管：9 个/组；

（11）100 mL 烧杯：1 只/组；

（12）称量纸、药匙、玻璃棒、吸油纸；

（13）计时器：1 个/组。

六、实验装置

（1）电子天平：量程 100 g，感量 0.000 1 g；

（2）8 孔数显恒温磁力搅拌油浴锅（8 个工位可单独控制）；

（3）中药材粉碎机：容量 400~800 g，以大米体积计量（单组）；

（4）高效液相色谱仪，色谱柱：Agilent Eclipse XDB-C18；流动相：乙腈∶水 = 15∶85（V/V），流速 1 mL·min^{-1}；检测器：紫外检测器（紫外线波长 280 nm）；柱温：308 K；

（5）通风橱；

（6）离心机：最大转速不小于 8 000 r·min^{-1}。

七、实验步骤和方法

（一）糠醛标准曲线制作

（1）1 000 mg·L^{-1} 糠醛标准贮备液制备

准确称取糠醛 1.000 0 g，用体积分数为 15% 的乙腈在 100 mL 烧杯中溶解，并转移至 1 000 mL 棕色容量瓶，用 15% 乙腈定容，配制成 1 000 mL 标准贮备液。

（2）糠醛标准使用液制备

准确量取 10 mL 糠醛标准贮备液于 100 mL 棕色容量瓶中，用 15% 乙腈稀释定容至 100 mL，即可得 100 mg·L^{-1} 糠醛标准使用液。

（3）糠醛标准曲线

分别量取 0.00 mL、1.00 mL、2.00 mL、3.00 mL、4.00 mL 和 5.00 mL 的糠醛标准使用液（100 mg·L^{-1}）于 10 mL 棕色容量瓶中，再用 15% 乙腈稀释定容至刻度线。用注射器吸取各浓度的标准使用液，经针头式过滤器过滤后注入棕色进样瓶中，用高效液相色谱测定，绘制标准曲线。

（二）原料破碎预处理

用中药材粉碎机粉碎原料，过 0.2 mm 标准筛后备用，筛下物至少需要 0.4 g（单组）。

（三）糠醛制取

根据 L$_9$（3^3）正交实验表（表 28-1），设计三因素三水平正交实验。三个影响因素为：反应温度（水平范围：140~170 ℃）、反应时间（水平范围：30~120 min）、催化剂投加量（水平范围：0.005~0.025 g）。自主确定水平值，设计正交实验。

打开 8 孔数显恒温磁力搅拌油浴锅开关，根据设计的正交实验方案，把油浴锅每个工位分别预热到指定温度，磁力搅拌转速调至 600 r·min^{-1}。量取 1.5 mL γ-戊内酯，加入厚壁玻璃反应瓶，再加入 150 μL 蒸馏水与 γ-戊内酯一起构成反应所需的溶剂体系。然后用电子天平称取 40 mg 已经粉碎过筛的原料，以及一定量（根据设计的正交实验方案添加）的催化剂加入反应瓶中。在厚壁玻璃反应瓶中加入磁力搅拌子，拧紧瓶盖后将反应瓶放入经过预热的油浴锅中进行反应。反应瓶没入油浴的瞬间即开始计时。

表 28-1　L$_9$（3^3）正交表

实验编号	因素 A	因素 B	因素 C
1	A$_1$	B$_1$	C$_2$
2	A$_1$	B$_2$	C$_1$
3	A$_1$	B$_3$	C$_3$
4	A$_2$	B$_1$	C$_1$

实验编号	因素 A	因素 B	因素 C
5	A_2	B_2	C_3
6	A_2	B_3	C_2
7	A_3	B_1	C_3
8	A_3	B_2	C_2
9	A_3	B_3	C_1

（四）产物分析

反应完成后，用隔热手套将厚壁玻璃反应瓶取出，用吸油纸擦拭瓶外壁，迅速用流水冷却，使反应停止，随后转移入离心管，进行固液分离（$5\,000\,\mathrm{r\cdot min^{-1}}$，$3\,\mathrm{min}$）。然后准确移取 $100\,\mathrm{\mu L}$ 上清液，在 $10\,\mathrm{mL}$ 棕色容量瓶中用 15% 乙腈稀释定容至刻度线。用注射器吸取已稀释好的样品，将待测样品用针头过滤器过滤后注入液相色谱进样瓶中，用高效液相色谱分析样品中糠醛的含量。

八、实验结果整理和数据处理要求

（一）实验结果记录

将实验结果记录于表 28-2 和表 28-3。

表 28-2 糠醛标准曲线数据记录

浓度/（$\mathrm{mg\cdot L^{-1}}$）	0.0	10.0	20.0	30.0	40.0	50.0
峰面积						

表 28-3 产物分析实验结果记录

实验编号	峰面积
1	
2	
3	
4	
5	
6	

实验编号	峰面积
7	
8	
9	

（二）实验数据处理

（1）绘制标准曲线并计算糠醛产率

以糠醛标准使用液浓度为横坐标、峰面积为纵坐标，绘制糠醛浓度的标准曲线。计算标准曲线的 R^2 值，如果偏低，分析原因。根据样品测试结果和糠醛标准曲线，按式（28-1）计算糠醛产率。

$$糠醛产率 = \frac{反应所得的糠醛质量}{原料质量} \times 100\% \qquad (28-1)$$

（2）对所得正交实验结果进行极差和方差分析（见表 28-4 和表 28-5），确定三个因素的影响顺序及主要影响因素，确定最优水平组合。

表 28-4　糠醛产率计算及正交实验极差分析

实验编号	温度/℃	时间/min	催化剂投加量/mg	糠醛产率/wt%
1				
2				
3				
4				
5				
6				
7				
8				
9				
K_1				
K_2				
K_3				
R				

表 28-5 正交实验方差分析表

变异来源	偏差平方和	自由度	均方	F 值	P 值
反应温度/℃					
反应时间/min					
催化剂投加量/mg					
误差					

九、注意事项和建议

（1）使用前检查厚壁玻璃反应瓶是否有裂痕；

（2）使用油浴锅时，保证电热管和传感器浸在油中，但油量也不能过满；人体不要接触加热部分，以免烫伤；实验结束后，等油冷却后将其倒出，将油浴锅用干布擦拭干净，置于通风干燥处；

（3）除原料破碎、称量、样品分析外的所有操作都需要在通风橱中进行；

（4）拧紧厚壁玻璃反应瓶瓶盖，避免加热反应时漏气影响实验结果；

（5）棕色进样瓶中的液体不宜少于 0.5 mL；

（6）需选用加热温度高于反应最高温度的导热油品种，以免导热油分解。

十、思考题

（1）对多因素实验，采用正交法设计实验有什么好处？

（2）从产物分离的角度，讨论本实验的溶剂体系中加入蒸馏水的作用？

（3）你认为本实验的反应溶剂可以怎样实现循环使用？

（4）对比不同小组采用不同原料的实验结果，从原料组成的角度，分析原料种类对糠醛产率的影响。

（5）本实验的容量瓶、进样瓶为何需使用棕色瓶？

十一、主要参考文献

[1] 何品晶. 固体废物处理与资源化技术 [M]. 北京：高等教育出版社，2011：534-559.

[2] Gürbüz E, Gallo J, Alonso D, et al. Conversion of hemicellulose into furfural using solid acid catalysts in γ-valerolactone [J]. Angewandte Chemie International Edition, 2013, 52 (4), 1270-1274.

实验二十九　生物质平台化合物乙酰丙酸催化转化制备 γ-戊内酯

（实验学时：6 学时；编写人：黄建军、纪娜；
编写单位：天津大学）

一、实验目的

（1）增强对生物质能源利用及生物质催化转化技术的理解；

（2）熟悉生物质平台化合物——乙酰丙酸催化转化制备 γ-戊内酯实验操作及相关仪器设备；

（3）掌握生物质催化转化产物的定性及定量检测方法。

二、实验基本要求

（1）预习木质纤维素基生物质资源的来源、分类与组成；

（2）预习生物质平台化合物乙酰丙酸的催化转化机理；

（3）预习非均相负载型催化剂的常规制备方法；

（4）预习色谱分离原理及定量分析方法。

三、实验原理

生物质能源是替代传统化石能源的重要可再生能源之一，是自然界唯一可再生碳资源。生物质是指通过光合作用形成的各种有机体，包括所有的动物、植物及微生物，其中可以作为一种能源形式加以利用的生物质 90% 来源于植物，即木质生物质。木质生物质主要包括纤维素、半纤维素及木质素三大组成成分。通过化学催化技术，将生物质原料及组分转化成为具有高附加值的化学品或生物燃料，是生物质资源高值利用的重要技术手段。

作为木质生物质的主要组分，纤维素可以通过成熟的水热处理工艺转化降解得到乙酰丙酸，乙酰丙酸是一种重要的生物质平台分子，是同时含羰基、α-氢和羧基的多官能团化合物，在工业、农业和医药行业中有很多的应用，可以进一步合成许多高附加值化学品，如 γ-戊内酯、1，4-戊二醇和甲基四氢呋喃等。其中 γ-戊内酯是一个五元环内酯，具有沸点高（207~208 ℃）、闪点高（96 ℃）等特点，无毒且有芳香气味，可以作为食品和香水的添加剂。γ-戊内酯与水、树脂、蜡及很多种有机溶剂以任意比例混溶，可作为良好的绿色溶剂；也可以制备高热值的液体烃类燃料及燃料添加剂，因此成为替代化石能源的一种清洁能源。除此之外，γ-戊内酯和它的氢解产品都是重要的高分子材料单体化合物。

本实验利用乙酰丙酸催化转化制备 γ-戊内酯，其可能的反应路径有两种：① 乙酰丙酸先加氢形成 4-羟基戊酸，之后再脱水环化合成 γ-戊内酯；② 乙酰丙酸先脱水生成当归内酯，再通过加氢合成 γ-戊内酯，其路径如图 29-1 所示。

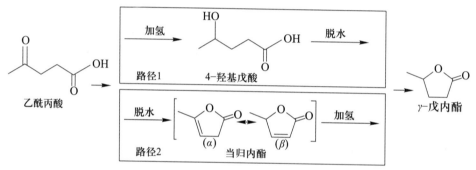

图 29-1　乙酰丙酸催化转化制备 γ-戊内酯反应路径

乙酰丙酸制备 γ-戊内酯的催化体系可分为均相催化体系和非均相催化体系。其中，均相催化剂的催化活性相对较高，但存在制备工艺配体复杂、系统成本高昂和回收再利用困难等问题，而非均相催化体系的发展与创新则对寻求 γ-戊内酯的绿色合成路径具有更显著的实践意义。此外，氢源的选择对乙酰丙酸加氢制备 γ-戊内酯的反应过程至关重要，通常采用的氢源主要包括氢气、甲酸和醇类化合物。以氢气为氢源的反应体系能够实现 γ-戊内酯高效、快速的合成，但通常需要高温、高压等反应条件，催化过程能耗较高且存在安全隐患。因此，以甲酸和醇类化合物为氢源的转移加氢过程是乙酰丙酸绿色合成 γ-戊内酯的重要反应途径。

鉴于非氢气供氢方式的重要性及开展本科生实验的安全性因素，本实验采用甲酸供氢条件下乙酰丙酸催化转化制备 γ-戊内酯。在负载型催化剂的催化作用下，甲酸发生选择性分解生成二氧化碳和氢气，也可以原位产氢作为氢源。由于甲酸与乙酰丙酸的竞争吸附效应，乙酰丙酸的加氢过程会在甲酸分解后发生。甲酸的高效选择性分解是乙酰丙酸-甲酸催化体系中的关键步骤。本实验采用活性较高的 Au/ZrO_2 催化剂，活性金属 Au 能够发挥优异的甲酸分解活性和相对理想的乙酰丙酸加氢活性，而耐酸 ZrO_2 载体则能够在甲酸存在的酸性条件下保持较好的稳定性。

四、课时安排

（1）理论课时安排：2 学时，讲解生物质的来源、种类、特性，分析讨论生物质催化转化为高附加值化学品及生物燃料等的反应路径，影响催化转化反应转化率及产物收率的因素，如反应温度、反应压力、溶剂体系、催化剂种类等，使同学们掌握生物质催化转化的理论基础。

（2）实验课时安排：4 学时，其中反应底物配置等前期准备 1 学时，催化转化反应过程 2 学时，反应产物分析检测 1 学时。

本实验是综合设计性实验，通过该实验考查学生综合运用所学知识的能力，如液相色谱分析的相关知识、外标法定量、仪器设备操作能力等，做到理论联系实际。

五、实验材料

（一）实验药品

99% 乙酰丙酸、97% 甲酸、98% γ-戊内脂、99.7% 无水乙醇、5 vol% H_2/Ar、99.999% 空气、99.999% 高纯氮气、99.999% 高纯氢气、98% 八水合氯氧化锆、分析纯氨水（25%~28%）、分析纯氯金酸（23.5%~23.8%）、去离子水、硝酸银、优级纯浓硫酸、超纯水（18.2 MΩ·cm）。

（二）器皿

（1）移液管：1 mL、2 mL、5 mL 移液管各 2 支/组，10、20、50 mL 移液管各 1 支/组；

（2）250 mL 容量瓶：1 只/组；

（3）2 mL 色谱瓶：1 只/组；

（4）10 mL 胶头滴管：2 支/组；

（5）5 mL 注射器：1 个/组；

（6）ϕ11 cm 滤纸：4 张/组；

（7）ϕ11 cm 布氏漏斗：2 个/组；

（8）10 cm×2 cm×2 cm 石英舟：1 个/组；

（9）ϕ120 mm 玛瑙研钵：1 个/组；

（10）500 mL 烧杯：2 只/组；

（11）1 000 mL 容量瓶：2 只/组；

（12）$\phi 13$ mm×0.22 μm 一次性针头式过滤器：1 个/组；

（13）10 mL 容量瓶：6 只/组；

（14）50 mL 容量瓶：2 只/组；

（15）50 mL 量筒：1 只/组；

（16）聚乙烯瓶：2 只/组；

（17）棕色细口瓶：1 只/组；

（18）250 mL 烧杯：1 只/组；

（19）瓷坩埚：1 个/组。

（三）试剂

（1）硫酸储备液（$c = 0.1$ mol·L^{-1}）：往烧杯中加入 100 mL 超纯水，用移液管移取 5.4 mL 优级纯浓硫酸缓慢倒入烧杯中，并不断搅拌，冷却后，将其转入 1 L 的容量瓶中，加入超纯水至 1 L 刻度线，摇匀备用；

（2）硫酸使用液（$c = 5$ mmol·L^{-1}）：移取 50 mL 硫酸储备液至 1 L 容量瓶中，加入超纯水至 1 L 刻度线，摇匀、过 0.45 μm 膜备用；

（3）乙酰丙酸、γ-戊内酯混合标准储备液（$c = 1.000\ 0$ mol·L^{-1}）：准确称取 5.806 0 g 乙酰丙酸、5.005 8 g γ-戊内酯至 50 mL 容量瓶，用去离子水定容；

（4）乙酰丙酸、γ-戊内酯混合标准使用液：用移液管分别移取 0 mL、0.50 mL、1.00 mL、2.00 mL、4.00 mL、5.00 mL 的 1.000 0 mol·L^{-1}的乙酰丙酸和 γ-戊内酯混合标准储备液分别置于 6 个 10 mL 容量瓶，然后用去离子水定容，制得 0 mol·L^{-1}、0.050 0 mol·L^{-1}、0.100 0 mol·L^{-1}、0.200 0 mol·L^{-1}、0.400 0 mol·L^{-1}、0.500 0 mol·L^{-1}的乙酰丙酸和 γ-戊内酯混合标准使用液；

（5）氨水溶液 I（$c = 2.5$ mol·L^{-1}）：用量筒取 18.7 mL 浓氨水溶于 50 mL 去离子水中，稀释至 100 mL，聚乙烯瓶中保存；

（6）氨水溶液 II（$c = 0.25$ mol·L^{-1}）：取配置好的 2.5 mol·L^{-1}的氨水溶液 10 mL 稀释到 100 mL，聚乙烯瓶中保存；

（7）硝酸银溶液（$c = 0.10$ mol·L^{-1}）：称取 1.70 g 硝酸银溶于 50 mL 去离子水中，稀释到 100 mL，棕色瓶中保存；

（8）氯金酸溶液（$c = 0.001\ 0$ mol·L^{-1}）：利用移液枪移取 0.084 mL 氯金酸溶液至 100 mL 容量瓶，然后用去离子水定容到 100 mL。

六、实验装置

（1）检测方法一：气相色谱仪法，配有 FID 检测器、HP-FFAP 毛细管柱（30 m×0.25 mm），柱温箱温度从 70 ℃保持 1 min 后，以 20 ℃·min^{-1}的速度升温到 230 ℃，保持 1 min。进样口温度 250 ℃，分流比 50 ∶ 1，检测器温度 250 ℃，进样体积 1 μL；

（2）检测方法二：液相色谱仪法，配有示差折光检测器、HPX-87X 有机酸柱（300 m×7.8 mm），柱温箱温度设为 65 ℃，平衡 1 h，流动相采用 5 mmol·L^{-1} 的稀硫酸，流速为 0.6 mL·min^{-1}，进样体积 20 μL；

（3）旋片式真空泵：极限真空 ≤20 Pa；

（4）间歇式反应釜：容积为 50 mL，最大压力 25 MPa；

（5）管式炉：室温+10~800 ℃，控温精度±1 ℃；

（6）马弗炉：室温+10~1 000 ℃，控温精度±1 ℃；

（7）电子天平：量程 210 g，感量 0.000 1 g；

（8）电热恒温鼓风干燥箱：工作温度为室温 + 10 ~ 250 ℃，控温精度±1 ℃；

（9）集热式恒温加热磁力搅拌器：参数室温+10~100 ℃，0~2 000 r·min^{-1}；

（10）移液枪：量程 50 μL、200 μL；

（11）pH 计：25 ℃下精度±0.02。

七、实验步骤和方法

实验流程如图 29-2 所示。

（一）反应底物配置

将洗净晾干的容量瓶（250 mL）置于天平上，去皮归零，用胶头滴管（接近目标值时，改用移液枪称取）准确称量 13.063 5 g 乙酰丙酸、5.178 5 g 甲酸于容量瓶中，取下容量瓶，用去离子水定容至刻度线，盖上瓶盖，缓慢震荡至溶液澄清均匀。将溶液装入预先洗净烘干的棕色细口瓶中，置于低温暗处，保存备用。

（二）Au/ZrO$_2$ 催化剂制备

先采用常规沉淀法制备二氧化锆：在室温下将 12.9 g ZrOCl$_2$·8H$_2$O 溶于 200 mL 去离子水中，用 2.5 mol·L^{-1} 的氨水将 pH 调节至 9.0，转移至装有 φ11 cm 滤纸的布氏漏斗上，用旋片式真空泵抽滤，最后用去离子水反复冲洗，用 0.10 mol·L^{-1} 硝酸银溶液检测滤液无氯离子，将滤纸和滤纸上的水凝胶状物体小心转移至瓷坩埚中，置于电热鼓风恒温干燥箱中 110 ℃ 下干燥过夜（12 h），然后放入马弗炉中在 400 ℃ 下焙烧 2 h，将得到的催化剂置于研钵中研磨，得到粉末状二氧化锆。

利用改性沉淀法制备 Au/ZrO$_2$ 催化剂：称取 2.0 g ZrO$_2$ 粉末加至 100 mL 浓度为 0.001 0 mol·L^{-1} 的氯金酸溶液中，用 0.25 mol·L^{-1} 的氨水将 pH 调节

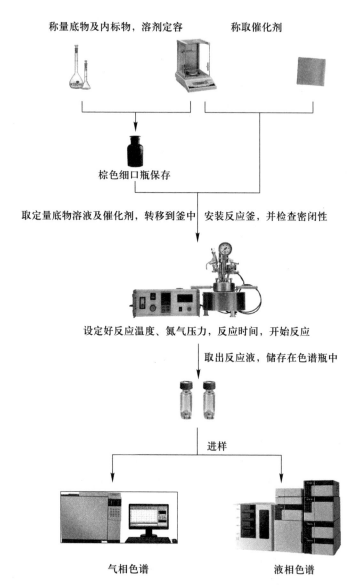

称量底物及内标物，溶剂定容　　　称取催化剂

棕色细口瓶保存

取定量底物溶液及催化剂，转移到釜中　安装反应釜，并检查密闭性

设定好反应温度、氮气压力，反应时间，开始反应

取出反应液，储存在色谱瓶中

进样

气相色谱　　　　　　　　　　液相色谱

色谱分析结果，对产物进行定性定量

图 29-2　生物质催化转化实验步骤图

至 9.0。将溶液放在集热式恒温加热磁力搅拌器上，在室温以 500 r·min^{-1} 搅拌反应 6 h，转移至装有 ϕ11 cm 滤纸的布氏漏斗上，用旋片式真空泵抽滤，最后用去离子水反复冲洗，用 0.10 mol·L^{-1} 硝酸银溶液检测滤液无氯离子；将滤膜上的催化剂小心转移至石英舟中，置于 110 ℃ 电热鼓风恒温干燥箱干燥

1 h。将石英舟置于管式炉中，在 5% H_2/Ar（体积比）气氛中从室温升到 350 ℃后还原 2 h，尾气经集气瓶收集后通过通风管道排到室外，整个还原过程需要在通风橱内进行。

本方法可以制备催化剂大约 1.2 g，满足 6 组同学实验需求。由于学时原因，建议催化剂由实验指导教师提前制备。

（三）反应釜设定与操作

用移液管移取 40 mL 反应底物置于反应釜中，在天平上称取约 0.2 g 催化剂，缓慢倒入反应釜中。固定釜体，装好搅拌桨，套上固定外套，拧紧螺丝，将反应釜整体移入加热套中，开启通风橱通风，接上 N_2 气路管道，上部搅拌桨处套上连接皮带，开启搅拌，转速设为 800 r·min^{-1}，接上冷却水管，开启冷却水；打开进气阀向釜中通入气体到设定压力（如表 29-1 所示），关闭进气阀，打开放气阀，放出气体，如此反复 3~5 次，排出反应釜中的空气。再次充气到设定压力，保持 30 s，观察压力表指示数是否稳定不变，确保反应釜无漏气后，将学生分为 6 个组，每组进行一个反应，在反应控制器上设定反应温度及反应时间（如表 29-1 所示），启动控温器开始反应，在 15 min 内升到指定温度，并记录相关数据，然后将数据进行汇总，填入表格，再对结果进行汇总分析讨论。

（四）取样

达到预设的时间后，反应结束，关闭加热电源和搅拌，取下连接带，将反应釜提出加热套外，用风扇冷却降温，待反应釜降温至室温，关闭冷却水，轻轻打开放气阀，放出釜内剩余气体，取出反应釜，拆解外套，用 5 mL 注射器取出釜内上清液，套上过滤头，注入色谱瓶中，待测。

（五）色谱分析

用气相色谱或液相色谱外标法，保留时间定性、峰面积定量测定乙酰丙酸、γ-戊内酯含量，指导教师提前用气相色谱或液相色谱分别测试浓度为 0 mol·L^{-1}、0.050 0 mol·L^{-1}、0.100 0 mol·L^{-1}、0.200 0 mol·L^{-1}、0.400 0 mol·L^{-1}、0.500 0 mol·L^{-1} 的乙酰丙酸、γ-戊内酯混合标准使用液，得到各浓度点分别对应乙酰丙酸、γ-戊内酯的峰面积；注入相同体积的待测样品，得到样品中乙酰丙酸、γ-戊内酯的峰面积，选择峰面积相近的标准溶液浓度点，按下式计算样品中乙酰丙酸、γ-戊内酯的含量。

$$c_x = \frac{c_r \times A_x}{A_r} \tag{29-1}$$

式中：c_x——样品中乙酰丙酸或 γ-戊内酯的含量，mol·L^{-1}；

　　　c_r——标准溶液中乙酰丙酸或 γ-戊内酯浓度，mol·L^{-1}；

A_x——样品中乙酰丙酸或 γ-戊内酯的峰面积；

A_r——标准溶液中乙酰丙酸或 γ-戊内酯的峰面积。

八、实验结果整理和数据处理要求

（一）实验结果记录

根据实验结果将数据填入表 29-1，思考不同反应条件对实验结果的影响。

表 29-1　实验记录表（例：乙酰丙酸/甲酸反应体系）

序号	反应底物	温度 /℃	N$_2$ 压力 /MPa	时间 /h	催化剂	反应效果 LA 转化率/%	GVL 收率/%
1	LA(18 mmol),FA(18 mmol),水(40 mL)	100	0.5	2	Au/ZrO$_2$		
2	LA(18 mmol),FA(18 mmol),水(40 mL)	125	0.5	2	Au/ZrO$_2$		
3	LA(18 mmol),FA(18 mmol),水(40 mL)	150	0.5	2	Au/ZrO$_2$		
4	LA(18 mmol),FA(18 mmol),水(40 mL)	150	1.0	2	Au/ZrO$_2$		
5	LA(18 mmol),FA(18 mmol),水(40 mL)	150	1.0	1	Au/ZrO$_2$		
6	LA(18 mmol),FA(18 mmol),水(40 mL)	150	1.5	2	Au/ZrO$_2$		

注：乙酰丙酸（LA），甲酸（FA），γ-戊内酯（GVL），Au/ZrO$_2$ 催化剂金属负载量（0.1 mol%）。

（二）实验数据处理

（1）按式（29-2）和式（29-3）分别计算催化反应底物（乙酰丙酸）转化率 X 和产物（γ-戊内酯）的收率 Y。

$$X = \left(1 - \frac{\text{反应后液相残留的乙酰丙酸摩尔浓度}}{\text{反应前乙酰丙酸初始摩尔浓度}}\right) \times 100\% \qquad (29\text{-}2)$$

$$Y = \frac{\text{反应后液相中 }\gamma\text{-戊内酯摩尔浓度}}{0.45} \times 100\% \qquad (29\text{-}3)$$

式中：0.45—乙酰丙酸全部转化成 γ-戊内酯的理论浓度。

（2）分析催化转化反应结果与反应条件之间的变化关系。

九、注意事项和建议

（1）实验中所使用的玻璃容器需先用自来水清洗干净，再用去离子水清洗，然后置于电热鼓风恒温干燥箱中烘干（容量瓶除外，容量瓶不可置于干燥箱烘干）；

（2）称量过程中要精确到小数点后第四位，配制溶液过程中如果滴加溶液过量，需要重新配置；

（3）实验过程中注意反应釜的操作，注意检漏，确保反应体系无漏气；

（4）反应釜运行时一定记得要开冷却水，否则起不到搅拌的作用；

（5）实验过程认真观察反应釜的工作状态，切记反应过程中不可用手触摸加热套，反应结束后切记降至室温且泄压后方可拆卸反应釜。

十、思考题

（1）在乙酰丙酸及其酯类的加氢实验中，反应温度和反应时间对整体催化体系分别有什么影响？不同控制条件策略的选择对最终催化性能的影响机制是什么？

（2）在实验原理中提到，醇类物质可以起到供氢的作用，其原理是什么？不同醇溶剂作为供氢体对催化性能可能产生什么影响？

（3）色谱定量分析时，气相色谱法可以采用内标法和外标法，请明确内标法与外标法的区别是什么？各自的利弊分别是什么？

（4）不同反应条件下催化剂的催化效率有所不同，请从催化剂的角度分析其原因是什么？

（5）实验展开了生物质平台分子的催化转化，请思考如果反应底物换成固体生物质，将会增加哪些难点？

十一、主要参考文献

［1］何品晶. 固体废物处理与资源化技术 ［M］. 北京：高等教育出版社，2011：534-559.

［2］Du X L, He L, Zhao S, et al. Hydrogen-independent reductive transformation of carbohydrate biomass into γ-valerolactone and pyrrolidone derivatives with supported gold catalysts ［J］. Angewandte Chemie International Edition, 2011, 50 (34): 7815-7819.

［3］Yu Z, Lu X, Liu C, et al. Synthesis of γ-valerolactone from different biomass-derived feedstocks: Recent advances on reaction mechanisms and catalytic systems ［J］. Renewable and Sustainable Energy Reviews, 2019, 112, 140-157.

［4］Mehdi H, Fábos V, Tuba R, et al. Integration of homogeneous and heterogeneous catalytic processes for a multi-step conversion of biomass: From sucrose to levulinic acid, γ-valerolactone, 1, 4-pentanediol, 2-methyl-tetrahydrofuran, and alkanes ［J］. Topics in Catalysis, 2008, 48 (1-4): 49-54.

［5］Tang X, Zeng X, Li Z, et al. Production of γ-valerolactone from lignocellulosic biomass for sustainable fuels and chemicals supply ［J］. Renewable and Sustainable Energy Reviews, 2014, 40, 608−620.

［6］ Son P A, Nishimura S, Ebitani K. Production of γ-valerolactone from biomass-derived compounds using formic acid as a hydrogen source over supported metal catalysts in water solvent ［J］. RSC Advances, 2014, 4 （21）: 10525− 10530.

［7］ Yan Z, Lin L, Liu S. Synthesis of γ-valerolactone by hydrogenation of biomass-derived levulinic acid over Ru/C catalyst ［J］. Energy & Fuels, 2009, 23 （8）: 3853−3858.

［8］ Abdelrahman O A, Heyden A, Bond J Q. Analysis of kinetics and reaction pathways in the aqueous-phase hydrogenation of levulinic acid to form γ-valerolactone over Ru/C ［J］. ACS catalysis, 2014, 4 （4）: 1171−1181.

［9］ 纪娜, 宋静静, 刁新勇, 等. 硫化物催化木质素及其模型化合物转化制备高附加值化学品 ［J］. 化学进展, 2017, 29 （5）: 563−578.

实验质量控制和安全管理

附录一 采样和制样注意事项

（编写人：章骅、兰东英、何品晶；编写单位：同济大学）

第一节 采 样

绝大多数固体废物是组成、粒径都不均一的物质，所采集的样本质量直接影响固体废物测试结果的代表性和可靠性。因此，采样的目的是要从一批固体废物中采集具有代表性的样本。应用基本的统计学知识，可以评估采样引入的随机误差。科学设计最少采样数和最小采样量，可以有效减小随机误差。

一、份样数和份样量

1. 份样数

最少份样数的确定方法有两种：查经验表法和公式法。当采样允许的误差和指标测试的相对标准偏差未知时，可以根据表 S1-1 确定。当采样允许的误差和指标测试的相对标准偏差已知时，可以根据式（S1-1）计算。首先取 $n \to \infty$ 时的 t 值作为初始 t 值，代入式（S1-1）计算得到 n 的初值；再用 n 的初值对应的 t 值代入式（S1-1），计算得到 n 值；不断迭代，直到 n 值不变，此 n 值即为份样数。

表 S1-1　固体废物批量大小与取样最少份样数的关系

批量大小	最少份样数	批量大小	最少份样数
<1	5	≥100	30
≥1	10	≥500	40
≥5	15	≥1 000	50
≥30	20	≥5 000	60
≥50	25	≥10 000	80

注：固体废物批量单位是 t，液体是 1 000 L。

$$n \geqslant \left(\frac{t \times s}{\Delta} \right)^2 \tag{S1-1}$$

式中：n——份样数；

s——份样间测量值的相对标准偏差；

Δ——采样允许的误差；

t——选定置信水平下的概率数（可通过查表 S1-2 得到）。

表 S1-2　统计 t 值表（双侧）

$n-1$	α												
	0.9	0.8	0.7	0.6	0.5	0.4	0.3	0.2	0.1	0.05	0.02	0.01	0.001
1	0.158	0.325	0.510	0.727	1.000	1.376	1.963	3.078	6.314	12.706	31.821	63.657	636.619
2	0.142	0.289	0.445	0.617	0.816	1.061	1.386	1.886	2.920	4.303	6.965	9.925	31.598
3	0.137	0.277	0.424	0.584	0.765	0.978	1.250	1.638	2.353	3.182	4.541	5.841	12.924
4	0.134	0.271	0.414	0.569	0.741	0.941	1.190	1.533	2.132	2.776	3.747	4.604	8.610
5	0.132	0.267	0.408	0.559	0.727	0.920	1.156	1.476	2.015	2.571	3.365	4.032	6.859
6	0.131	0.265	0.404	0.553	0.718	0.906	1.134	1.440	1.943	2.447	3.143	3.707	5.959
7	0.130	0.263	0.402	0.549	0.711	0.896	1.119	1.415	1.895	2.365	2.998	3.499	5.405
8	0.130	0.262	0.399	0.546	0.706	0.889	1.108	1.397	1.860	2.306	2.896	3.355	5.041
9	0.129	0.261	0.398	0.543	0.703	0.883	1.100	1.383	1.833	2.262	2.821	3.250	4.781
10	0.129	0.260	0.397	0.542	0.700	0.879	1.093	1.372	1.812	2.228	2.764	3.169	4.587
11	0.129	0.260	0.396	0.540	0.697	0.876	1.088	1.363	1.796	2.201	2.718	3.106	4.437
12	0.128	0.259	0.395	0.539	0.695	0.873	1.083	1.356	1.782	2.179	2.681	3.055	4.318
13	0.128	0.259	0.394	0.538	0.694	0.870	1.079	1.350	1.771	2.160	2.650	3.012	4.221
14	0.128	0.258	0.393	0.537	0.692	0.868	1.076	1.345	1.761	2.145	2.624	2.977	4.140
15	0.128	0.258	0.393	0.536	0.691	0.866	1.074	1.341	1.753	2.131	2.602	2.947	4.073
16	0.128	0.258	0.392	0.535	0.690	0.865	1.071	1.337	1.746	2.120	2.583	2.921	4.015
17	0.128	0.257	0.392	0.534	0.689	0.863	1.069	1.333	1.740	2.110	2.567	2.898	3.965
18	0.127	0.257	0.392	0.534	0.688	0.862	1.067	1.330	1.734	2.101	2.552	2.878	3.922
19	0.127	0.257	0.391	0.533	0.688	0.861	1.066	1.328	1.729	2.093	2.539	2.861	3.883
20	0.127	0.257	0.391	0.533	0.687	0.860	1.064	1.325	1.725	2.086	2.528	2.845	3.850
21	0.127	0.257	0.391	0.532	0.686	0.859	1.063	1.323	1.721	2.080	2.518	2.831	3.819
22	0.127	0.256	0.390	0.532	0.686	0.858	1.061	1.321	1.717	2.074	2.508	2.819	3.792
23	0.127	0.256	0.390	0.532	0.685	0.858	1.060	1.319	1.714	2.069	2.500	2.807	3.767
24	0.127	0.256	0.390	0.531	0.685	0.857	1.059	1.318	1.711	2.064	2.492	2.797	3.745

$n-1$	α												
	0.9	0.8	0.7	0.6	0.5	0.4	0.3	0.2	0.1	0.05	0.02	0.01	0.001
25	0.127	0.256	0.390	0.531	0.684	0.856	1.058	1.316	1.708	2.060	2.485	2.787	3.725
26	0.127	0.256	0.390	0.531	0.684	0.856	1.058	1.315	1.706	2.056	2.479	2.779	3.707
27	0.127	0.256	0.389	0.531	0.684	0.855	1.057	1.314	1.703	2.052	2.473	2.771	3.690
28	0.127	0.256	0.389	0.530	0.683	0.855	1.056	1.313	1.701	2.048	2.467	2.763	3.674
29	0.127	0.256	0.389	0.530	0.683	0.854	1.055	1.311	1.699	2.045	2.462	2.756	3.659
30	0.127	0.256	0.389	0.530	0.683	0.854	1.055	1.310	1.697	2.042	2.457	2.750	3.646
40	0.126	0.255	0.388	0.529	0.681	0.851	1.050	1.303	1.684	2.021	2.423	2.704	3.551
60	0.126	0.254	0.387	0.527	0.679	0.848	1.046	1.296	1.671	2.000	2.390	2.660	3.460
120	0.126	0.254	0.386	0.526	0.677	0.845	1.041	1.289	1.658	1.980	2.358	2.617	3.373
∞	0.126	0.253	0.385	0.524	0.674	0.842	1.036	1.282	1.645	1.960	2.326	2.576	3.291

注：α 为显著性水平；n 为份样数；t 为概率数。

2. 份样量

采集的样品量越多，越有代表性，因此份样量不能太少。但份样量达到一定限度之后，再增加也不能显著提高采样准确度。份样量通常与废物的粒径呈正相关关系，可用切乔特经验公式（S1-2）计算。

$$Q' \geqslant K \times d^a \tag{S1-2}$$

式中：Q'——最低份样量，kg；

$\quad\quad K$——缩分系数，代表废物的不均匀程度，废物越不均匀，则 K 越大，可用统计误差法，试采分析得到；

$\quad\quad d$——废物中最大颗粒的粒径，mm；

$\quad\quad a$——经验常数，随废物的均匀程度和易破碎程度而定。

一般情况下，取 $K=0.06$，$a=1$。

二、采样方法

1. 简单随机采样法

当对一批固体废物了解较少，并且采集的份样比较分散，对实验和分析结果影响不大时，用随机抽取的方式采集样品，总体中所有样品被抽取的概率均等。

首先根据拟采集固体废物的批量大小，参照表 S1-1 确定最少份样数。已堆存的废物量即为批量大小；连续产生的废物用取样时段内的累计产生量代表批量大小。然后对取样时段（连续产生的废物）或取样部位（分批产生或已堆存的废物）编号。采样程序有两种：抽签法，用自然数列对取样时段或部位编号，每个编号记入一张纸片；随机数字表法，用自然数列对取样时段或部位编号，编号顺序计入行列表格。抽签法直接从混匀的编号纸片中随机抽取足够份样数的纸片；随机数字表法可从任意的行列开始，间隔一定的格数抽取编号，循环数遍，直至抽够需要的份样数，抽取时若遇到已经抽过的数据格，可选择跳过或重新开始。这些抽中的号码代表采样时段或部位。

2. 系统采样法

当固体废物按一定时间顺序排出时（如通过输送带、管道等形式连续排出的废物），可以按一定的时间间隔（T'）或质量间隔（T）抽样，份样间隔的计算公式如式（S1-3）所示。

$$T \leqslant \frac{Q}{n} \text{或} \quad T' \leqslant \frac{60Q}{G \times n} \tag{S1-3}$$

式中：T——采样质量间隔，t；

　　　Q——固体废物批量大小，t；

　　　n——按表 S1-1 规定的份样数或根据式（S1-1）计算确定的份样数；

　　　T'——采样时间间隔，min；

　　　G——每小时固体废物排出量，$t \cdot h^{-1}$。

3. 分层采样法

当固体废物分批次排出或者间歇排出时，可将废物分为 m 层，根据每层废物的质量，按比例采取份样，如式（S1-4）所示。同时，采样时必须注意每层所采份样的粒度分布和每层废物粒度分布基本一致。

$$n_i = \frac{n \times Q_i}{Q} \tag{S1-4}$$

式中：n_i——第 i 层应采份样数，$i=1$，2，$\cdots$，m；

　　　n——按表 S1-1 规定的份样数或根据式（S1-1）计算确定的份样数；

　　　Q_i——第 i 层废物的质量，t；

　　　Q——固体废物批量质量，t。

4. 两段采样法

当固体废物由车、桶、箱、袋等容器分装时，由于各容器之间分散，所以用分段采样法。采样前，先从所有拟采废物容器（总数 N_0）中随机抽取 n_1 件容器，再从这些容器中各采 n_2 个份样。当 $N_0 \leqslant 6$ 时，推荐 $n_1 = N_0$；当 $N_0 > 6$ 时，推荐 n_1 按式（S1-5）计算。$n_2 \geqslant 3$，推荐取 3，即在 n_1 件容器的上、中、下（或前、中、后）部位最少各采 1 个份样。

$$n_1 \geqslant 3 \times \sqrt[3]{N_0} \tag{S1-5}$$

第二节　制　　样

固体废物制样的目的是从所采份样中获得具有代表性和能满足实验分析的样品。

一、固态废物的制样

固态废物的制样，一般包括粉碎、筛分、混合和缩分 4 个步骤。

粉碎是保证废物样品均匀性的关键。根据样品材质和粒径，选用机械破碎设备（颚式破碎机、圆盘粉碎机、剪切式破碎机、玛瑙球磨机等）或人工破碎装置（船式药碾和研钵等），逐级破碎样品，直至达到相应实验分析所需的粒径。例如，固体废物标准浸出测试所需的粒径是小于 9.5 mm，有机元素分析所需的粒径是小于 0.5 mm，消解后测试重金属含量所需的样品粒径是小于 0.15 mm。

筛分能保证粉碎的质量。对样品有最大粒径要求时，用与此粒径对应的标准筛，筛分破碎后样品。筛上物再次破碎，直至样品全部过筛后，混合筛下物备测。

混合是用机械或人工的方法，使过筛的一定粒径范围的样品达到均匀分布的状态。

缩分的目的是将混合样品缩减或分成若干子样，以减少样品质量。常用的缩分方法有以下两种。

1. 份样缩分法

将样品置于平整、洁净的桌面（地面）上，充分混合后，以一定的厚度铺成长方形平堆，再划分为等分的网格，网格数由样品的总量决定。将按网格数调整好的挡板竖直插入样品堆中，用分样铲在各格随机取等量的样品，合并这些样品成为缩分样。

2. 四分法

将样品在平整、洁净的桌面（地面）上堆成圆锥状，用取样铲自锥顶尖落下，使样品均匀地沿锥顶尖散落（注意勿使锥中心错位）。然后，重新成锥，如此反复至少 3 次，使样品充分混匀。最后，将圆锥堆压扁成圆饼，用十字分样板自上压下，分成 4 等份，任取对角两份为子样，重复数次，直至达到对应的份样量。

二、液态废物的制样

液态废物的制样，一般包括混匀和缩分两个步骤。

混匀可采用不同的液体混合方式完成，例如：小容器可手动摇晃均匀，中等容器可用手工搅拌器等工具混匀，大容器可用机械搅拌器或循环泵等工具混匀。

缩分一般采用二分法，每次减量一半，直至剩余样品量达到后续分析测试所需样品量的 10 倍为止。

三、半固态废物的制样

半固态废物的制样可根据固态、液态废物的制样方法进行。对黏稠、不能缩分的污泥，先进行预干燥，再按照固态样品的方式制样；对含有悬浮固体的样品，先充分搅拌混合均匀后，再按液态样品的方式制样；对含油等难以混匀的液体，可用分液漏斗等进行多相分离，各相子样分别测定体积，分别制样分析。样品的总体分析结果根据各子样结果加权得到。

第三节　样 品 保 存

样品标签上应包含样品名称（或编号）、采样地点、采样人、采样时间、制样人和制样时间等信息。样品应该在合适的条件下保存，例如：对于含易挥发组分的废物，采用无顶空存样，并在冷冻条件下保存；对于光敏感的废物，样品应存放在深色容器中并置于避光处；对于易与水、酸、碱反应的废物，应在隔绝水、酸、碱等的条件下储存。在保存过程中，要防止盛装容器破损、浸湿，防止不同样品之间的交叉污染，防止样品受潮或受灰尘等污染。

样品的保存期一般是一个月（易变质的不受此限制），具体时限与样品性质、测试指标类型有关。如果保存期内样品吸水受潮但不影响其他性质，样品测试前，应该在 105±5 ℃电热鼓风恒温干燥箱中烘干（或冷冻干燥）至恒重后，才能用于测定。

主要参考文献

［1］国家环境保护局. 工业固体废物采样制样技术规范：HJ/T 20—1998［S］. 北京：中国环境科学出版社，1998.

［2］中华人民共和国住房和城乡建设部. 生活垃圾采样和分析方法：

CJ/T 313—2009［S］. 北京：中国标准出版社，2009.

　　［3］何品晶. 固体废物处理与资源化技术［M］. 北京：高等教育出版社，2011：41-46.

附录二　质量控制

（编写人：郦超、章骅、郝丽萍；编写单位：同济大学）

第一节　实验误差

一、实验数据的误差

通过实验观察或测量获得实验数据，进而对推论进行验证，这是实验的一般过程。然而实验数据往往是含有误差的。误差指的是测量值与真值之间的差异。由于某些错误或某些不可控制的因素影响，任何测量结果都具有误差，误差存在于测量的全过程。

例如，在实验过程中，样品的称量是最基本的一个实验操作。在进行炉渣热灼减率测定时，需要称取一定质量的炉渣样品，在烘箱和马弗炉中烘干和灼烧，然后称量烘干和灼烧前后的质量进而计算得到炉渣的热灼减率。3 份平行样测得的结果分别为 3.21%、3.35% 和 3.82%。理想情况下，若炉渣样品均匀、称量正确，平行样的热灼减率值理论上应相等，但实际上，因炉渣样品的非均质性、灼烧和称量过程的误差，所得数据就可能不同。

二、误差的分类

根据误差的性质和产生的原因，误差可分为系统误差、随机误差和过失误差。

1. 系统误差

系统误差是有一定原因的偏差，如仪器状态不良（刻度不准、容积未校正等）、环境条件变化（操作环境的温度、压力和湿度的变化等）、个人的习惯和偏好（如：视差）等，这些因素使得测定结果总是在某个方向上偏离（偏高或偏低）被测量的真值。此类误差可以通过改变实验条件及规范操作实验过程而得到控制。

2. 随机误差

随机误差是由不确定因素引起的误差，往往具有随机性，且无法人为控制，也称偶然误差。此类误差时大时小，时正时负，且方向不定。随着实验次数的增加，测量所得平均值的随机误差会逐渐减小，但不会完全消除。

3. 过失误差

过失误差是因操作人员操作不当或失误引起的误差，也称为人为误差。这类误差在实验中应尽量避免。

三、随机误差的规律性与层次性

随机误差具有一定的变化规律。以固体废物样品含水率的测定为例，若从一批固体废物样品中随机抽取 100 份样品，分别进行含水率测定，若无系统偏差的干扰，则将测得的 100 个含水率数据的平均值当作理论真值。根据该真值与各测量值之差可计算出 100 个误差值。这 100 个误差值有正有负，总和为 0。其中，靠近 0 的正负范围内误差出现的次数多，远离 0 的正负范围内出现的次数少。这种随机误差的分布模式为正态分布，如图 S2-1 所示。

在测定固体废物样品含水率的过程中，若抽取了多份固体废物样品进行测试，则可用多个样品测量值的平均数表示该固体废物样品的平均含水率。由于在计算平均数的过程中，正负误差相互抵消了一部分，因此平均数与单个测量值相比，随机误差变小。参与平均计算的测量值个数越多，正负抵消作用越大，随机误差就越小。但由于平均数的原始数据也是单个测量值，因此也存在随机误差，只是其分布更加向 0 集中。

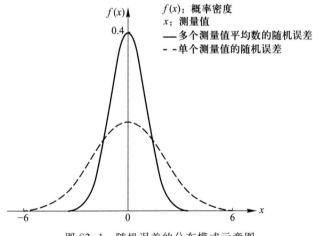

图 S2-1 随机误差的分布模式示意图

随机误差同时还具有层次性。仍以固体废物样品的含水率测定为例。通常先要对实验原料进行适当的处理和制备，如采用缩分法制样，达到一定要求后再进行取样和分析测定。取样时，若从不同的缩分样品中取了 10 份 10 g 的分样进行测定，在严格控制分析技术时，10 个测量值间仍存在偏差，表明制样和取样过程存在随机误差。在采用烘干法测试含水率时，实验操作人员要多次称重，该过程中往往也存在随机误差的影响。例如，从同一缩分样品中取了 3 份 10 g 的分样进行测试，理论上其含水率应该相同，但实际测试结果仍然存在差异，这一误差是由于测定过程中的随机因素导致。与前一阶段的制样和取样误差相比，后一阶段的是测定过程误差。两者发生的阶段或层次不同。

四、准确度与精密度

实验数据的优劣是相对于实验误差而言的，其中系统误差使数据偏离了其理论真值，而随机误差则使数据相互分散。准确度（accuracy）反映了系统误差和随机误差的综合，表示测试结果与真值或者标准值的一致程度；精密度（precision）则反映了随机误差大小的程度。

理想的实验测试结果如图 S2-2（a）所示，系列数据的平均值与被测量的真值相接近，即具有较好的准确度；且不同数据之间符合程度较好，即具有较好的精密度。当系列数据之间的符合程度较好，但平均值与被测量的真值之间相差较大，如图 S2-2（b）所示，则其具有较好的精密度，但准确度较差。若系列数据的平均值与被测量的真值相接近，但相互之间符合程度较差，如图 S2-2（c）所示，则其具有较好的准确度，但精密度较差。而如果系列数据的平均值与被测量的真值差距较大且相互之间符合程度也较差，如图 S2-2（d）所示，则其准确度和精密度均较差。

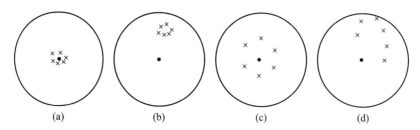

(a)　　　　(b)　　　　(c)　　　　(d)

图 S2-2　实验数据的准确度与精密度示意图

第二节 误差的控制

实验结果产生差异的原因有很多，包括但不限于基体效应、设备故障和操作者的误差，因此每个实验方法的质量控制是必不可少的。为保证实验数据的正确性，通过分析实验误差来源，应针对各种可能的系统偏差原因，预防系统误差；同时针对各种偶然性因素在不同阶段、不同层次造成的随机误差，分别进行控制，使之尽量缩小；并避免过失误差。

一、现场误差控制

现场误差控制包括：前往现场前，装备的检查、校准及贮存容器的准备；样品的运输、接收；质控样的使用，包括平行双样、现场空白、装备空白和旅行空白等。

二、实验室误差控制

空白样、加标样和平行样的测定，都是实验室分析测试过程中误差控制的常用方法。

空白样是除了不加试样外，其余均按照试样分析的操作方法和条件进行实验的样品。对于水样，一般以试剂水作为空白基体；而对于固体样品，不存在通用的空白基体，因此不使用空白基体，而是通过分析过程来获得空白样。空白样可以用来消除实验试剂、器皿等带来杂质的系统误差。

例如，灰渣重金属浸出毒性分析实验过程中，在称取定量样品进行振荡浸出的同时，需设置两组空白浸出对照，即使用同样体积的浸取剂而不加灰渣进行浸出操作，其他浸出和分析测试过程均与样品保持一致，称为浸出空白。在计算重金属浸出浓度时，需从样品中扣除浸出空白的重金属浓度平均值。

加标样是在测定试样的同时，于同一试样的子样中加入一定量标准物质的样品。按照与试样相同的分析测试步骤进行处理和测定，将其测定结果扣除未加标试样的测量值，然后与其加标量进行比较，计算加标回收率，如式（S2-1）所示。加标回收率可用来确定方法的准确度。加标回收率的绝对值越接近100%，说明测试结果的准确度越高。

$$加标回收率 = \frac{（加标样测量值-未加标样测量值）}{加标量} \times 100\% \qquad (S2-1)$$

进行加标回收率测试时应注意以下几点：

（1）加标物的形态应该和待测物的形态相同；

（2）加标量应和试样中所含待测物的量控制在相同的范围内；

（3）由于加标样和试样的分析条件完全相同，其中干扰物质和不正确操作等因素所导致的效果相等，当以其测定结果的差计算回收率时，常不能准确反映试样测定结果的实际差错。

此外，平行样测试也是常用的质量控制方法。分析固体废物样品性质时，常取 3 个平行样测定。平行样的测试结果在一定程度上反映了测试的精密度水平。环境监测时，平行样是在系列样品中随机抽取 10%～20% 的样品进行重复测定，然后与平行双样相对偏差要求进行对比，检查其是否合格。

第三节　检出限和定量限

检出限（detection limit，或 limit of detection，LOD）是指某一分析方法在给定的可靠程度（置信度）内可以从样品中检测到待测物质的最小浓度或最小量。检出限一般包括仪器检出限和方法检出限。仪器检出限是指分析仪器能检出与噪声相区别的信号的能力，一般认为产生的信号比仪器噪声大 3 倍的待测物质浓度为仪器的检出限，但是不同仪器的检出限定义有所不同。而方法检出限不仅与仪器噪声有关，还取决于方法流程的每个环节。

定量限（quantitation limit，或 limit of quantitation，LOQ）是指样品中待测物质能被定量测定的最低浓度或最低量，其测定结果应具有一定的准确度。通常用信噪比法确定定量限，一般取信噪比为 10∶1 时相应的浓度作定量限。

在进行固体废物的定性或定量检测分析时，需首先明确分析方法的检出限和定量限。例如，《固体废物 22 种金属元素的测定　电感耦合等离子体发射光谱法》（HJ 781—2016）中给出了固体废物金属含量和固体废物浸出液中金属浓度测试相应的检出限和定量限（见表 S2-1）。

表 S2-1　电感耦合等离子体发射光谱法测定固体废物金属元素的检出限和定量限

元素	固体废物		固体废物浸出液	
	检出限 /(mg·kg^{-1})	定量限 /(mg·kg^{-1})	检出限 /(mg·L^{-1})	定量限 /(mg·L^{-1})
Ag	0.1	0.4	0.01	0.04
Al	8.9	35.6	0.05	0.20
Ba	3.6	14.4	0.06	0.24
Be	0.04	0.16	0.004	0.016
Ca	6.9	27.6	0.12	0.48

续表

| 元素 | 固体废物 | | 固体废物浸出液 | |
	检出限 /(mg·kg⁻¹)	定量限 /(mg·kg⁻¹)	检出限 /(mg·L⁻¹)	定量限 /(mg·L⁻¹)
Cd	0.1	0.4	0.01	0.04
Co	0.5	2.0	0.02	0.08
Cr	0.5	2.0	0.02	0.08
Cu	0.4	1.6	0.01	0.04
Fe	8.9	35.6	0.05	0.20
K	7.7	30.8	0.35	1.40
Mg	2.3	9.2	0.03	0.12
Mn	3.1	12.4	0.01	0.04
Na	7.8	31.2	0.20	0.80
Ni	0.4	1.6	0.02	0.08
Pb	1.4	5.6	0.03	0.12
Sr	1.3	5.2	0.01	0.04
Ti	3.0	12.0	0.02	0.08
V	1.5	6.0	0.02	0.08
Zn	1.2	4.8	0.01	0.04
Tl	0.4	1.6	0.03	0.12
Sb	0.5	2.0	0.02	0.08

主要参考文献

［1］ 美国环境保护局. 固体废弃物试验分析评价手册 ［M］. 中国环境监测总站，中国科学院生态环境研究中心，北京市环境监测中心，译. 北京：中国环境科学出版社，1992：8-11.

［2］ 环境保护部. 固体废物 22 种金属元素的测定　电感耦合等离子体发射光谱法：HJ 781—2016 ［S］. 北京：中国环境科学出版社，2016.

［3］ 李云雁，胡传荣. 试验设计与数据处理 ［M］. 3 版. 北京：化学工业出版社，2017，6-11.

附录三　数据处理

（编写人：章骅、王瑞恒；编写单位：同济大学）

第一节　有效数字

想要得到准确可靠的分析结果，不仅要准确地测定每个数据，还要准确地记录和计算所得数据。由于测量值不仅表示了试样中被测组分的含量，还反映了测定的准确程度，因此在记录实验数据和计算结果时，保留几位数字不是任意确定的，而是根据测量仪器和分析方法的准确度而定。

一、有效数字定义

有效数字是指实验中实际能测出的数字，由所有可靠数字和末位有误差（一位）的数字组成，作用是既能表示数值的大小，又能反映测量的精密度。例如：用精度为 0.1 mL、量程为 5 mL 的量筒量取液体，读出的体积数为 3.85 mL 时，前两位是从量筒上直接读取的准确数据，第三位是估读的数字，此位数据称为不确定数字或可疑数字，因此 3.85 为 3 位有效数字。

在实验中，要按照所用仪器的精度来记录数据，例如使用万分之一分析天平称取 5 g 物质时，质量应记为 5.000 0 g。若位数记得太多，则夸大了仪器的精度；若位数记得少了，则没有表达测量的应有精密度。在数字运算中，要先修约后计算，并要按照有效数字运算规则决定最后结果的位数。

数据中的"0"具有双重意义：若是测定所得则为有效数字；若作定位作用则为非有效数字。例如分析天平的读数为 0.100 0 g，其中数字前的一个"0"仅起定位作用，后面的三个"0"是测定所得的数字，故其有效数字为 4 位。该数据若改用 kg 作单位，则表示为 0.000 100 0 kg，这时数字前面的四个"0"只起定位的作用，不是有效数字，即单位改变时有效数字的位数不变。当需要在数的末尾加"0"作定位作用时，最好采用指数形式表示，否则容易引起误解。例如上述质量若用 mg 表示，则应写为 1.000×10^2 mg；倘若表示为 100 mg，其有效数字就只能认为是 3 位。

二、有效数字修约规则

在数据处理过程中，由于各测量仪器的精度不同，测量值的有效数字位数也不相同。因此，在具体计算前需要按照统一的规则，合理地确定一致的位数，舍去某些数据后面多余的尾数，这个过程称为对原始数据的"修约"。目前，数字修约多采用"四舍六入五留双"规则。

该规则规定，当尾数小于等于 4 时则将其舍去；当尾数大于等于 6 时则进一位；当尾数为 5 时，且后面的数为零时，则看前一位，前一位为奇数就进位，前一位为偶数则舍去，"0"视为偶数；当尾数为 5 且后面的数不为零时，无论前一位是奇数还是偶数，都向前进一位。例如，将下列数字全部修约为 5 位有效数字：

$$2.367\ 74 \rightarrow 2.367\ 7$$
$$0.675\ 268 \rightarrow 0.675\ 27$$
$$12.356\ 5 \rightarrow 12.356$$
$$12.357\ 5 \rightarrow 12.358$$
$$12.354\ 51 \rightarrow 12.355$$

对数字修约时，只允许对原测量值一次修约而成，不能分次修约，否则会出错。例如，将 1.344 6 修约为 3 位有效数字时，应为 1.34；如果按 1.344 6→1.345→1.36 修约，则是错误的。

三、有效数字运算规则

1. 加减法

在加减运算中，以小数点后位数最少的数据为基准，其和与差所保留的小数点后的位数应与各数中小数点位数最少者相同。

例：计算 12.3+0.235 8+2.89，修约为 12.3+0.2+2.9，结果为 15.4。

2. 乘除法

在乘除运算中，以有效数字最少的数据为基准，其积与商的位数与百分误差最大或有效数字位数最少者相同。

例：在测试某种固体废物的堆积密度时，用万分之一天平称出其质量为 6.357 8 g，用量程为 25 mL 的量筒量得体积为 11.25 mL。计算该固体废物密度时，先将其质量修约为 6.358 g，其密度为 $6.358 \div 11.25 = 0.565\ 2\ \text{g} \cdot \text{mL}^{-1}$。

3. 其他规则

在对数运算中，对数位数（首数除外）应与真数的有效数字相同，例如：$x=189.7$，则 $\lg 189.7 = 2.278\ 1$。

对于如 π，$\sqrt{2}$ 及有关常数可按需要取其有效数字。

若第一次运算结果需代入其他公式进行第二次或第三次运算时，为了避免误差叠加，可对中间数据多保留一位有效数字，但最终的计算结果仍要保持原有的有效数字位数。

第二节　测量值的准确度和精密度

一、准确度和误差

准确度表示测量值与真值接近的程度，测量值与真值越接近，测定越准确。误差是指测量值与真值之间的差值，也是衡量测量准确度高低的尺度，误差的大小可用绝对误差和相对误差来表示。

1. 绝对误差

绝对误差（E_a）为测量值（x_i）与真值（μ）之间的差值，即：

$$E_a = x_i - \mu \tag{S3-1}$$

例如，用量筒量得某液体 A 的体积为 12.05 mL，但该液体的真实体积为 12.00 mL，则该次测量的绝对误差 $E_a = 12.05 - 12.00 = 0.05$ mL。

绝对误差的单位与测量值的单位相同，误差可正可负，正误差表示测量值大于真值，负误差表示测量值小于真值。误差的绝对值越小表示测量值越接近真值，测试的准确度就越高。

2. 相对误差

相对误差（E_r）为绝对误差（E_a）与真值（μ）的比值，即：

$$E_r = \frac{E_a}{\mu} \times 100\% = \frac{x_i - \mu}{\mu} \times 100\% \tag{S3-2}$$

例如，上述液体 A 体积测量的相对误差为 $E_r = \dfrac{0.05}{12.00} \times 100\% = 0.42\%$。

相对误差可以反映出误差在真值中所占的比例，它也可正可负，但无单位。相对误差对于比较在各种情况下测量值的准确度更为方便，因此在数据分析中它比绝对误差更常用。

虽然真值是客观存在的，但由于测定过程中难免会产生误差，因此无法精确地知道真值。在实验中，一般常取多次测量值的算术平均值 $\bar{x}$ 作为最后的测定结果。

$$E_a = \bar{x} - \mu \tag{S3-3}$$

$$E_r = \frac{E_a}{\mu} \times 100\% = \frac{\overline{x} - \mu}{\mu} \times 100\% \qquad (S3-4)$$

式中：$\overline{x}$ 为算术平均值。

若 n 次的测量结果为 x_1，x_2，$\cdots$，x_i，$\cdots$，x_n，则：

$$\overline{x} = \frac{1}{n}(x_1 + x_2 + \cdots + x_i + \cdots + x_n) = \frac{1}{n}\sum_{i=1}^{n} x_i \qquad (S3-5)$$

二、精密度与偏差

精密度表示几次平行测量结果之间相互接近的程度，平行测量值之间越接近，精密度就越高。偏差是指单个测量值与测量平均值之差，表示数据的离散程度，偏差越小，分析结果的精密度就越高。偏差有以下几种表示方法。

1. 单个偏差

单个偏差（d_i）为单个测量值与测量平均值的差值，即：

$$d_i = x_i - \overline{x} \qquad (S3-6)$$

2. 平均偏差

平均偏差（$\overline{d}$）为各单个偏差绝对值的平均值，平均偏差均为正值。

$$\overline{d} = \frac{1}{n}\sum |d_i| = \frac{1}{n}\sum |x_i - \overline{x}| \qquad (S3-7)$$

式中：n——为测量次数。

3. 相对平均偏差

相对平均偏差（$\overline{d}_r$）为平均偏差与测量平均值的比值，即：

$$\overline{d}_r = \frac{\overline{d}}{\overline{x}} \times 100\% \qquad (S3-8)$$

4. 标准偏差

标准偏差（S）是度量数据分散程度的标准，用来衡量数据值偏离算术平均值的程度。标准偏差越小，这些值偏离平均值就越少。对于少量测量值（$n \leqslant 20$），其标准偏差的定义如下：

$$S = \sqrt{\frac{\sum_{i=1}^{n}(x_i - \overline{x})^2}{n-1}} = \sqrt{\frac{\sum_{i=1}^{n} x_i^2 - \frac{1}{n}\left(\sum_{i=1}^{n} x_i\right)^2}{n-1}} \qquad (S3-9)$$

已知样本 A 和 B 的样本量、平均值和标准偏差分别为 n_A、n_B、$\overline{x_A}$、$\overline{x_B}$、S_A、S_B，则样本 A 和 B 的合并标准偏差 S_R 公式如下：

$$S_R = \sqrt{\frac{\sum\limits_{i=1}^{n_A}(x_{Ai}-\overline{x_A})^2 + \sum\limits_{i=1}^{n_B}(x_{Bi}-\overline{x_B})^2}{(n_A-1)+(n_B-1)}} \qquad (S3-10)$$

或：

$$S_R = \sqrt{\frac{S_A^2(n_A-1)+S_B^2(n_B-1)}{(n_A-1)+(n_B-1)}} \qquad (S3-11)$$

5. 相对标准偏差

相对标准偏差（RSD）为标准偏差与平均值的比值，也称为变异系数，在实际工作中多用 RSD 表示分析结果的精密度。其定义式如下：

$$RSD = \frac{S}{\overline{x}} \times 100\% \qquad (S3-12)$$

例如，用 ICP-AES 检测飞灰浸出液中重金属的浓度时，三个平行样中 Pb 的浓度为：$0.9228\ mg\cdot L^{-1}$，$0.9763\ mg\cdot L^{-1}$，$0.9438\ mg\cdot L^{-1}$，计算得到测定结果的平均值（$\overline{x}$），平均偏差（$\overline{d}$），相对平均偏差（$\overline{d_r}$），标准偏差（S）及相对标准偏差（RSD）如下：

$$\overline{x} = \frac{0.9228+0.9763+0.9438}{3}\ mg\cdot L^{-1} = 0.9476\ mg\cdot L^{-1}$$

$$\overline{d} = \frac{0.0248+0.0287+0.0038}{3}\ mg\cdot L^{-1} = 0.0191\ mg\cdot L^{-1}$$

$$\overline{d_r} = \frac{0.0191}{0.9476}\times100\% = 2.016\%$$

$$S = \sqrt{\frac{(0.0248)^2+(0.0287)^2+(0.0038)^2}{3-1}}\ mg\cdot L^{-1} = 0.0270\ mg\cdot L^{-1}$$

$$RSD = \frac{0.0270}{0.9476}\times100\% = 2.849\%$$

三、准确度与精密度的关系

准确度指测量值与真值的符合程度，精密度则指在测定中所测数值重复性的大小程度。在一组测定中，精密度是保证准确度的先决条件，精密度差表明测定结果的重现性差，所得结果不可靠；但是精密度高，准确度却不一定高。只有所测数据的准确度和精密度都高时，测得的数据才可靠。

第三节　数据统计分析

实验过程中由于各种原因，难免会产生误差。根据误差的性质可以将其分为系统误差和随机误差，系统误差也可称定误差，它是由某种固定的原因造成的，其大小可测且可用加校正值的方式进行消除；随机误差是由偶然因素引起的，如环境温度、湿度、气压等的偶然变化都可引起随机误差，随机误差不可测定，因此不能用加校正值的方法进行消除。

但随机误差的出现服从统计规律，可以用统计学的方法来进行计算，估计随机误差对分析结果影响的大小。因此在实验结束后需要对所测得的数据进行整理和统计处理后，才能对所得结果的可靠程度做出合理判断并正确表达。

一、随机误差的正态分布

对同一样品进行多次重复测定后，当测定次数（n）足够大时，所得数据的随机误差符合正态分布规律：

$$y = f(x) = \frac{1}{\sigma\sqrt{2\pi}} e^{\frac{-(x-\mu)^2}{2\sigma^2}} \tag{S3-13}$$

式中：y——概率密度；

　　x——单次测量值；

　　μ——总体平均值；

　　σ——总体标准偏差，无系统误差时即为真值；

$x-\mu$——随机误差。

图 S3-1 为以 x 为横坐标，以 $f(x)$ 为纵坐标得到随机误差的正态分布曲线。

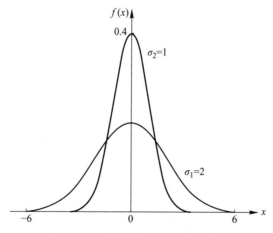

图 S3-1　随机误差的正态分布曲线

从该曲线可以看出：① 小误差比大误差出现的概率大，因此误差出现的概率与误差的大小有关；② 大小相等的正负误差出现的数目相等，因此随机误差的概率曲线关于 y 轴对称；③ 极大的正负误差出现的概率都极低，因此大误差一般不会出现；④ σ 越小，数据分布越集中，测定的精密度也越好，反之，σ 越大，数据分布越分散，测定的精密度越差。

随机误差不可消除，但可通过多次测定取平均值的方法来减少随机误差对实验结果带来的影响。由于实际工作中，测定的次数都是有限的，因此其随机误差不服从正态分布，而服从 t 分布。

二、随机误差的 t 分布

t 分布是由英国统计学家与化学家戈塞特（Gosset W. S.）以"Student"为笔名发表的。t 分布的提出是由于在有限次测定实验中无法得到总体平均值 μ 和总体标准偏差 σ，因此只能根据得到的数据平均值 $\bar{x}$ 和标准偏差 S 来估算测定数据的分散程度，但 $\bar{x}$ 和 S 都为随机变量，以此进行估算时必然会引入误差，所以用 t 分布来校正这种误差。t 值的定义式为：

$$t = \frac{\bar{x} - \mu}{S} \sqrt{n} \qquad (S3-14)$$

由于 t 分布的概率密度函数非常复杂，此处不予介绍。t 分布曲线不是一条曲线，而是一簇曲线，如图 S3-2 所示。

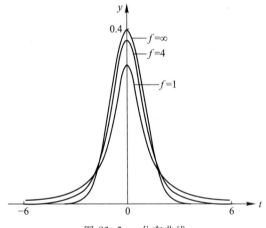

图 S3-2　t 分布曲线

t 分布曲线随自由度 f（$f = n - 1$）而改变，当 $f \to \infty$ 时，t 分布曲线就趋近于正态分布曲线。t 分布曲线下面一定范围内的面积就是某测量值出现的概率，但一定 t 值时的概率与测定次数 n 有关，表 S3-1 列示了不同测定次数及不同概率（置信度）对应的 t 值，称为 t 值表。

表 S3-1 t 值表（双侧）

测定次数 n	置信度				
	90%	95%	98%	99%	99.9%
2	6.314	12.706	31.821	63.657	636.619
3	2.920	4.303	6.965	9.925	31.598
4	2.353	3.182	4.541	5.841	12.924
5	2.132	2.776	3.747	4.604	8.610
6	2.015	2.571	3.365	4.032	6.859
7	1.943	2.447	3.143	3.707	5.959
8	1.895	2.365	2.998	3.499	5.405
9	1.860	2.306	2.896	3.355	5.041
10	1.833	2.262	2.821	3.250	4.781
11	1.812	2.228	2.764	3.169	4.587
12	1.796	2.201	2.718	3.106	4.437
13	1.782	2.179	2.681	3.055	4.318
14	1.771	2.160	2.650	3.012	4.221
15	1.761	2.145	2.624	2.977	4.140
16	1.753	2.131	2.602	2.947	4.073
17	1.746	2.120	2.583	2.921	4.015
18	1.740	2.110	2.567	2.898	3.965
19	1.734	2.101	2.552	2.878	3.922
20	1.729	2.093	2.539	2.861	3.883
21	1.725	2.086	2.528	2.845	3.850
31	1.697	2.042	2.457	2.750	3.646
41	1.684	2.021	2.423	2.704	3.551
61	1.671	2.000	2.390	2.660	3.460
121	1.658	1.980	2.358	2.617	3.373
∞	1.645	1.960	2.326	2.576	3.291

三、置信度与平均值的置信区间

置信度是指测量值或误差出现的概率，也称为置信概率。由 t 值的定义式可以得到：

$$\mu = \bar{x} \pm \frac{tS}{\sqrt{n}} \tag{S3-15}$$

根据该式和 t 值表即可估算出在选定的置信度下，总体平均值 μ 会在以测量平均值 $\bar{x}$ 为中心的 $\left(\dfrac{tS}{\sqrt{n}}\right)$ 范围内出现，该范围即为平均值的置信区间。

根据上式可以看出，置信区间的大小与选定的置信度有关。由 t 值表可知，测定次数相同时，置信度越大，对应的 t 值也就越大，则得到的置信区间范围也就越宽；相反，测定次数相同时，置信度越小，对应的 t 值也就越小，置信区间的范围也就越窄。在实际工作中，置信度不能定得过高或过低。若置信度定得过高，例如当置信度定为100%时，这时得到的置信区间会为无穷大而变得毫无实际意义；当置信度定得过低时，得到的置信区间会很窄，其可靠性就得不到保证。因此在实际工作中，应该定一个高低合适的置信度，既要使得到的置信区间的范围足够小，又要使置信度很高。通常取95%的置信度，它表示在有限次测定中，约有95%的测量值落在规定范围内，约有5%的测量值落在规定的范围外。

四、可疑值的取舍

在一组平行数据中，常常会有个别数据有明显的偏大或偏小，我们将这种测量值称为可疑值或离群值、异常值。若一组数据中混有这样的可疑值，在计算平均值及误差时，必然会歪曲实验结果。因此对于可疑值，应查明其产生的原因，若是由过失引起的，则可将其舍去，不用纳入进一步的统计检验。若不能查明其产生的原因，就须对其进行统计检验，以便从统计上决定该可疑值的取舍。若通过统计检验确定其为异常值，则应将其从该组数据中去除，否则应将其保留。

可疑值的统计检验方法都建立在随机误差服从一定分布规律的基础上，检验方法有很多，下面仅介绍两种常用的方法：舍弃商法（Q 检验法）和格鲁布斯（Grubbs）检验法。

（一）舍弃商法（Q 检验法）

该方法适用于检验测定次数为 3~10 次的简单测定数据中的异常值，其检验步骤如下：

1. 将所测得数据按递增顺序排列：x_1，x_2，$\cdots$，x_{n-1}，x_n，可疑数据将出现在序列间的开头 x_1 或末尾 x_n；

2. 求出最大值与最小值的差值（极差），即 $x_{max}-x_{min}$；

3. 求出可疑值与相邻值之差的绝对值，即 $|x_{可疑}-x_{邻}|$；

4. 用可疑值与相邻值差的绝对值除以极差，所得商称为舍弃商 Q：

$$Q = \frac{|x_{可疑}-x_{邻}|}{x_{max}-x_{min}} \tag{S3-16}$$

5. 根据测定次数 n 和要求的置信度查表 S3-2 得到 $Q_表$；

6. 判断：若 $Q>Q_表$，则该值为异常值，应舍去，否则应保留。

表 S3-2　不同置信度下 Q 的临界值

测定次数 n	置信度		
	Q（90%）	Q（95%）	Q（99%）
3	0.94	0.97	0.99
4	0.76	0.84	0.93
5	0.64	0.73	0.82
6	0.56	0.64	0.73
7	0.51	0.59	0.68
8	0.47	0.54	0.63
9	0.44	0.51	0.60
10	0.41	0.49	0.57

（二）格鲁布斯（Grubbs）检验法

采用格鲁布斯检验法判断可疑值时，要将测定的平均值 $\bar{x}$ 和标准偏差 S 引入计算式，由于利用了所有测定的数据作为判断依据，因此其判断的准确性要比 Q 检验法高，但计算量较大。其检验步骤如下：

1. 将所测的数据按递增顺序排列：x_1，x_2，$\cdots$，x_{n-1}，x_n，可疑数据将出现在序列间的开头 x_1 或末尾 x_n；

2. 计算包括可疑值在内的平均值 $\bar{x}$ 及标准偏差 S；

3. 计算可疑值 $x_{可疑}$ 与平均值 $\bar{x}$ 差的绝对值；

4. 按下式计算 G 值：

$$G = \frac{|x_{可疑}-\bar{x}|}{S} \tag{S3-17}$$

5. 根据测定次数 n 和要求的置信度查表 S3-3 得到 $G_{表}$；

6. 判断：若 $G > G_{表}$，则该值为异常值，应舍去，否则应保留。

表 S3-3 不同置信度下 G 的临界值

测定次数 n	置信度		测定次数 n	置信度	
	G（95%）	G（99%）		G（95%）	G（99%）
3	1.15	1.15	12	2.29	2.55
4	1.46	1.49	13	2.33	2.61
5	1.67	1.75	14	2.37	2.66
6	1.82	1.94	15	2.41	2.71
7	1.94	2.10	16	2.44	2.75
8	2.03	2.22	17	2.47	2.79
9	2.11	2.32	18	2.50	2.82
10	2.18	2.41	19	2.53	2.85
11	2.23	2.48	20	2.56	2.88

五、显著性检验

在实验结果分析工作中，常需要对两份试样或两种分析方法得到的测定结果的平均值和精密度间是否存在着显著性差异做出判断，如果有差异，需要判断这些差异是由随机误差还是系统误差引起的。这种判断在统计学中属于显著性检验，如果分析结果之间存在显著性差异，就认为它们之间有明显的系统误差；否则，认为没有系统误差，纯属随机误差引起的，认为是正常的。在实际工作中常用的显著性检验方法有 F 检验法和 t 检验法。

（一）F 检验

F 检验是通过比较两组数据的方差 S^2，以确定它们之间的精密度是否有显著性差异的方法，并用于判断两组数据间存在的随机误差是否有显著性差异。

F 检验的步骤为：① 分别计算两组数据的方差 S_1^2 和 S_2^2；② 按式（S3-18）计算 F 值，计算时，规定方差大的 S_1^2 为分子，方差小的 S_2^2 为分母；③ 将计算所得的 F 值与表 S3-4 中的 $F_{表}$ 值（置信度为95%）进行比较，若 $F > F_{表}$ 说明两组数据的精密度存在显著性差异；反之，则说明两组数据的精密度不存在显著性差异。

$$F = \frac{S_1^2}{S_2^2} \quad (S_1^2 > S_2^2) \tag{S3-18}$$

表 S3-4 为 F 的单边值，可直接应用于单侧检验，即检验某数据的精密度是否"$\geq$"或"$\leq$"另一组数据的精密度，此时置信度为 95%，显著性水平为 0.05。若进行双侧检验，判断两组数据的精密度是否存在显著性差异时，即一组数据的精密度可能"$\geq$"，也可能"$<$"另一组数据的精密度，显著性水平为单侧检验的两倍，即显著性水平为 0.10，此时置信度为 90%。

表 S3-4 置信度为 95% 时的 F 值（单侧）

f_2	f_1									
	2	3	4	5	6	7	8	9	10	∞
2	19.00	19.16	19.25	19.30	19.33	19.35	19.37	19.38	19.40	19.50
3	9.55	9.28	9.12	9.01	8.94	8.89	8.85	8.81	8.79	8.53
4	6.94	6.59	6.39	6.26	6.16	6.09	6.04	6.00	5.96	5.63
5	5.79	5.41	5.19	5.05	4.95	4.88	4.82	4.77	4.74	4.36
6	5.14	4.76	4.53	4.39	4.28	4.21	4.15	4.10	4.06	3.67
7	4.74	4.35	4.12	3.97	3.87	3.79	3.73	3.68	3.64	3.23
8	4.46	4.07	3.84	3.69	3.58	3.50	3.44	3.39	3.35	2.93
9	4.26	3.86	3.63	3.48	3.37	3.29	3.23	3.18	3.14	2.71
10	4.10	3.71	3.48	3.33	3.22	3.14	3.07	3.02	2.98	2.54
∞	3.00	2.60	2.37	2.21	2.10	2.01	1.94	1.88	1.83	1.00

注：表中 f_1 和 f_2 分别为两组数据的自由度

（二）t 检验

t 检验是判断某一分析方法或结果是否存在较大系统误差的统计学方法，主要用于以下几方面。

1. 样本平均值与总体平均值 μ 的比较

由式（S3-15）得，在一定置信度时，平均值的置信区间为 $\mu = \bar{x} \pm \dfrac{tS}{\sqrt{n}}$，可以看出，如果这一区间可将 μ 包含在其中，那么 $\bar{x}$ 与 μ 之间不存在显著性差异，按 t 分布规律，这些差异是随机误差造成的，而不属于系统误差，将式（S3-15）改写为：

$$t = \frac{|\bar{x} - \mu|}{S} \sqrt{n} \tag{S3-19}$$

进行 t 检验时，先将所得数据 $\bar{x}$、μ、S 及 n 代入上式，求出 t 值，然后再根据置信度和自由度从 t 值表中（表 S3-1）查出相应的 $t_{表}$，将计算所得的 t

值与查得的 $t_表$ 值进行比较。若 $t \geq t_表$，则说明 $\bar{x}$ 与 μ 之间存在显著性差异，反之则不存在显著性差异。由此可得出分析结果是否正确，分析方法是否可行等结论。

2. 两组平均值的比较

实际工作中常需对两组实验结果进行比较，以下两种情况可用 t 检验法判断两组数据的平均值是否存在显著性差异：① 同一试样由不同分析人员或同一分析人员采用不同方法，不同仪器进行分析测定，所得两组数据的平均值；② 对含有同一组分的两个试样，用相同的分析方法所测得的两组数据的平均值。

设有两组分析数据，其测定次数、标准偏差及平均值分别为 n_1、S_1、$\bar{x_1}$ 和 n_2、S_2、$\bar{x_2}$。先用 F 检验法检验两组数据的精密度有无显著性差异，若无显著性差异，再用 t 检验法检验两组数据的平均值有无显著性差异，t 值的计算式如下：

$$t = \frac{|\bar{x_1} - \bar{x_2}|}{S_R} \sqrt{\frac{n_1 n_2}{n_1 + n_2}} \tag{S3-20}$$

式中：S_R——合并标准偏差，见式（S3-10）和（S3-11）。

将 S_R、$\bar{x_1}$、$\bar{x_2}$、n_1、n_2 代入式（S3-20）中，求出 t 后，将其与 $t_表$ 比较。若 $t < t_表$ 说明两组数据的平均值间不存在显著性差异；若 $t \geq t_表$，则说明两组数据的平均值间存在显著性差异。

当使用显著性检验的方法比较两组实验数据时，应注意以下问题：

显著性检验的顺序是先进行 F 检验，确认两组数据的精密度无显著性差异后，才能使用 t 检验判断两组数据是否存在系统误差。只有当两组数据的精密度无显著性差异时，准确度的检验才有意义。

综合以上讨论，在对获得的实验数据进行统计分析时，首先要判断数据是否有效，可通过 G 检验法或 Q 检验法对可疑值进行取舍；其次要判断测定数据的过程中是否存在系统误差或随机误差，可用 F 检验法对数据进行精密度检验或用 t 检验法对数据进行准确度检验。

例如在某次飞灰浸出实验中，A 同学测得一组飞灰浸出液中 Pb 的浓度为：1.034 mg·L⁻¹、1.030 mg·L⁻¹、1.035 mg·L⁻¹、1.029 mg·L⁻¹、1.036 mg·L⁻¹；B 同学测得一组飞灰浸出液中 Pb 的浓度为：1.044 mg·L⁻¹、1.098 mg·L⁻¹、0.997 mg·L⁻¹、1.040 mg·L⁻¹、1.042 mg·L⁻¹，现在需要对这两组数据进行统计分析。

（1）估计这两位同学测定的飞灰浸出液中 Pb 浓度的真实值在 95% 置信度

时为多少？

$$\overline{x_A} = \frac{1.034+1.030+1.035+1.029+1.036}{5} \ \text{mg} \cdot \text{L}^{-1} = 1.033 \ \text{mg} \cdot \text{L}^{-1}$$

$$\overline{x_B} = \frac{1.044+1.098+0.997+1.040+1.042}{5} \ \text{mg} \cdot \text{L}^{-1} = 1.044 \ \text{mg} \cdot \text{L}^{-1}$$

$$S_A = \sqrt{\frac{0.001^2+0.003^2+0.002^2+0.004^2+0.003^2}{5-1}} \ \text{mg} \cdot \text{L}^{-1} = 0.003 \ \text{mg} \cdot \text{L}^{-1}$$

$$S_B = \sqrt{\frac{0.000^2+0.054^2+0.047^2+0.004^2+0.002^2}{5-1}} \ \text{mg} \cdot \text{L}^{-1} = 0.036 \ \text{mg} \cdot \text{L}^{-1}$$

已知置信度为 95%，$n=5$，查表 S3-1 得 $t=2.776$，则：

$$\mu_A = \overline{x_A} \pm \frac{tS_A}{\sqrt{n_A}} = 1.033 \pm \frac{2.776 \times 0.003}{\sqrt{5}} \ \text{mg} \cdot \text{L}^{-1} = 1.033 \pm 0.004 \ \text{mg} \cdot \text{L}^{-1}$$

$$\mu_B = \overline{x_B} \pm \frac{tS_B}{\sqrt{n_B}} = 1.044 \pm \frac{2.776 \times 0.036}{\sqrt{5}} \ \text{mg} \cdot \text{L}^{-1} = 1.033 \pm 0.045 \ \text{mg} \cdot \text{L}^{-1}$$

（2）对 A、B 两位同学所测数据中的可疑值进行取舍

① 用 Q 检验法对 A 同学数据中的可疑值进行取舍

从小到大排列：1.029 mg·L^{-1}、1.030 mg·L^{-1}、1.034 mg·L^{-1}、1.035 mg·L^{-1}、1.036 mg·L^{-1}。

最大值与最小值的极差：$1.036-1.029$ mg·$\text{L}^{-1}=0.007$ mg·L^{-1}。

假设最大值 1.036 和 1.029 都为可疑值，则可疑值与其相邻值差的绝对值分别为 $|1.036-1.035|=0.001$，$|1.029-1.030|=0.001$。

按式（S3-16）计算这两个可疑值的 Q 值分别为：

$$Q = \frac{0.001}{0.007} = 0.143, \quad Q = \frac{0.001}{0.007} = 0.143$$

测定次数为 5，在 95% 的置信度下查表 S3-2 得 $Q_{表}=0.73$，因为 $Q<Q_{表}$，所以这两个值均不为可疑值，应保留。

② 用 G 检验法对 B 同学所测数据中的可疑值进行取舍

从小到大排列：0.997 mg·L^{-1}、1.040 mg·L^{-1}、1.042 mg·L^{-1}、1.044 mg·L^{-1}、1.098 mg·L^{-1}。

包括可疑值在内的 $\overline{x_B}=1.044$ mg·L^{-1}，$S_B=0.036$ mg·L^{-1}。

假设最大值 1.098 和最小值 0.997 都为可疑值，则可疑值与平均值 $\overline{x_B}$ 差的绝对值分别为：$|1.098-1.044|=0.054$，$|0.997-1.044|=0.047$。

按式（S3-17）计算这两个可疑值的 G 值分别为：

$$G_{最大} = \frac{0.054}{0.036} = 1.50, \quad G_{最小} = \frac{0.047}{0.036} = 1.31$$

测定次数为 5，在 95% 的置信度下查表 S3-3 得 $G_表 = 1.67$。

因为 $G < G_表$，所以这两个值均不为可疑值，应保留。

（3）用 F 检验法检验 A、B 两位同学所测数据间的精密度是否有显著性差异

根据式（S3-18）计算 F 值为：

$$F = \frac{S_B^2}{S_A^2} = \frac{0.036^2}{0.003^2} = 144$$

A 同学数据的自由度 $f_A = 5 - 1 = 4$，B 同学数据的自由度 $f_B = 5 - 1 = 4$，在 95% 的置信度下查表 S3-4 得 $F_表 = 6.39$，因为 $F > F_表$，因此 A、B 两位同学所测数据间的精密度有显著性差异。

（4）因为通过 F 检验后发现，A、B 两位同学所测数据间的精密度有显著性差异，所以就没有必要再用 t 检验对这两组数据的准确度进行检验了。但若这两组数据间的精密度没有显著性差异，就可用 t 检验对这两组数据的准确度再进行进一步分析。

第四节　误差的传递与合成

有时候有些指标不能直接测量，而只能通过间接测量相关指标后计算得出。由于直接测量的指标都是有误差的，因此计算得到的间接测量结果也不可避免有误差。间接测量结果的误差是由各个直接测量指标的误差通过函数关系传递而来。常用函数绝对误差和标准偏差的传递与合成公式分别见表 S3-5 和 S3-6。

表 S3-5　常用函数绝对误差的传递与合成公式

函数表达式	绝对误差传递与合成公式
$N = x + y$	$E_{a,N} = E_{a,x} + E_{a,y}$
$N = x - y$	$E_{a,N} = E_{a,x} + E_{a,y}$
$N = x \times y$	$\dfrac{E_{a,N}}{N} = \dfrac{E_{a,x}}{x} + \dfrac{E_{a,y}}{y}$
$N = \dfrac{x}{y}$	$\dfrac{E_{a,N}}{N} = \dfrac{E_{a,x}}{x} + \dfrac{E_{a,y}}{y}$

续表

函数表达式	绝对误差传递与合成公式
$N = kx$	$E_{a,N} = kE_{a,x}$, $\dfrac{E_{a,N}}{N} = \dfrac{E_{a,x}}{x}$
$N = \sqrt[k]{x}$	$\dfrac{E_{a,N}}{N} = \dfrac{1}{k} \times \dfrac{E_{a,x}}{x}$
$N = \dfrac{x^m \times y^n}{z^k}$	$\dfrac{E_{a,N}}{N} = m \times \dfrac{E_{a,x}}{x} + n \times \dfrac{E_{a,y}}{y} + k \times \dfrac{E_{a,z}}{z}$
$N = \ln x$	$\dfrac{E_{a,N}}{N} = \dfrac{E_{a,x}}{x \ln x}$

表 S3-6　常用函数标准偏差的传递与合成公式

函数表达式	标准偏差传递与合成公式
$N = x + y$	$S_N^2 = S_x^2 + S_y^2$
$N = x - y$	$S_N^2 = S_x^2 + S_y^2$
$N = x \times y$	$\left(\dfrac{S_N}{N}\right)^2 = \left(\dfrac{S_x}{x}\right)^2 + \left(\dfrac{S_y}{y}\right)^2$
$N = \dfrac{x}{y}$	$\left(\dfrac{S_N}{N}\right)^2 = \left(\dfrac{S_x}{x}\right)^2 + \left(\dfrac{S_y}{y}\right)^2$
$N = kx$	$S_N^2 = (kS_x)^2$, $\left(\dfrac{S_N}{N}\right)^2 = \left(\dfrac{S_x}{x}\right)^2$
$N = \sqrt[k]{x}$	$\left(\dfrac{S_N}{N}\right)^2 = \left(\dfrac{1}{k} \times \dfrac{S_x}{x}\right)^2$
$N = \sin x$	$S_N^2 = (\mid \cos x \mid \times S_x)^2$
$N = \cos x$	$S_N^2 = (\mid \sin x \mid \times S_x)^2$
$N = \ln x$	$\left(\dfrac{S_N}{N}\right)^2 = \left(\dfrac{S_x}{x}\right)^2$

第五节　实验数据的表达方法

测得的实验数据需要选择合适的方法对其进行表达，实现数据表达的方法有多种，比较常用的有列表法、图示法和函数法。方法的选择主要根据目的而定，哪个方法好就选用哪个方法。下面分别对这三种方法进行介绍。

一、列表法

列表法是将一组实验数据中的自变量和因变量的各个数值按一定的形式和顺序一一对应地列出来的方法，列表法的主要优点为：简单易行、变量之间易于比较、同一表内可同时表示几个变量间的关系而不混乱。

但列表法对客观规律的反映不如图形法和方程法明确，一般用于实验数据的初步整理，只能大致地看出实验数据的变化趋势，例如表 S3-7 为不同浓度硝酸浸出后飞灰的 pH 和重金属浸出浓度。

在列表时应注意以下几点：

（1）列表的第一行应列出变量的名称、符号、单位，第一列一般列出实验的序号；

（2）表内的数字应注意有效数字位数，每列的小数点应对齐，数字过大或过小时，应用科学记数法；

（3）自变量的取值间距应尽可能相等，且所取的值尽可能为整数。

表 S3-7　不同浓度硝酸浸出后飞灰的 pH 和重金属浸出浓度

H^+ 浓度/ ($mol \cdot L^{-1}$)	ANC/ ($meq \cdot g^{-1}$)	浸出液 pH	Cd/ ($mg \cdot kg^{-1}$)	Cr/ ($mg \cdot kg^{-1}$)	Cu/ ($mg \cdot kg^{-1}$)	Ni/ ($mg \cdot kg^{-1}$)	Pb/ ($mg \cdot kg^{-1}$)	Zn/ ($mg \cdot kg^{-1}$)
0.0	0.0	11.24	0.94	3.15	0.36	2.10	3.85	0.57
0.2	1.0	10.00	1.22	2.20	0.71	3.11	6.75	0.83
0.4	2.0	9.41	1.51	2.25	0.99	3.97	10.4	0.97
0.6	3.0	8.40	1.96	2.25	1.22	4.85	13.8	1.84
0.8	4.0	7.29	17.2	1.90	2.64	9.57	17.1	45.4
1.0	5.0	6.47	30.7	1.40	5.78	17.5	22.7	499
1.2	6.0	4.64	38.6	1.40	148	37.9	198	1 750
1.4	7.0	3.68	40.8	3.05	350	41.0	595	2 190
1.6	8.0	3.24	41.2	9.05	462	44.1	800	2 400
1.8	9.0	2.72	40.4	42.9	495	47.7	690	2 440
2.0	10.0	2.24	39.8	76.9	542	47.7	850	2 550

二、图示法

图示法是根据解析几何原理，用几何图形（如线的长度、面的面积、立体的体积等）将实验数据表示出来的方法。图示法一般取自变量为横坐标，因变量为纵坐标，将实验数据绘制成图来表达变量间的关系。其主要优点为：形式简明直观、便于比较不同的实验结果、易于发现实验变量之间的特征关系等。图 S3-3 即为用表 S3-7 中的部分数据做出的浸取剂 H^+ 浓度和浸出液 pH 对飞灰中 Cu 和 Pb 浸出浓度的影响。

图示法应注意以下几点：① 坐标分度应便于读数；② 坐标分度要表示出测定结果的精密度，因为绘制成的图是实验结果的反映，所以只有当坐标分度与实验测量值的有效数字一致时，绘出的图才能正确地反映变量间的函数关系；③ 图形布置要均匀，线条清晰光滑，图要位于图纸的中间位置（现在用一些绘图软件画图时很少存在这些问题，但用手工绘图时需要注意）；④ 每个图下应有图名，将图形的意义准确清楚地表达出来，有时还需加一些简要的说明，如：数据来源、实验条件、作者姓名、日期等。

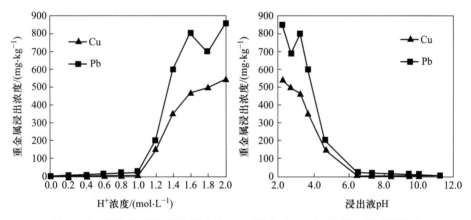

图 S3-3 浸取剂 H^+ 浓度和浸出液 pH 对飞灰中 Cu 和 Pb 浸出浓度的影响

三、函数法

实验数据用表或图示，虽然使用时简便直观，但不便于理论分析，因此有时需要用数学表达式来反映自变量和因变量间的关系。函数法通常包括以下两个步骤：

（一）选择经验公式

一般没有一个简单的方法可以直接获得一个较为理想的经验公式，通常需要先将实验数据绘成曲线，然后根据经验和解析几何知识推测经验公式的形式（一次函数形式、二次函数形式、对数函数形式等其他函数形式），推测的经验公式中系数不应太多。函数表达式中易于验证的为一次函数表达式，即图形接近于一条直线，因此，应尽量使所得的函数图形呈直线。若得到的函数图形不是直线式，可通过一些数学变换（如求对数等），使得图形变为直线。

（二）确定经验公式的系数

确定经验公式中系数的方法有多种，在此仅介绍直线图解法和回归分析中的一元线性回归、回归线的相关系数与精度及一元非线性回归。

1. 直线图解法

直线图解法即将数据绘成图线后，根据直线方程 $y = ax + b$，直线的斜率即为系数 a，直线在 y 轴上的截距即为系数 b。直线图解法很简便，但是精度较差，当问题比较简单或精度要求低于 $0.2\% \sim 0.5\%$ 时可用此方法。

2. 一元线性回归

一元线性回归是两个变量 x 和 y 存在一定的线性相关关系，通过实验获得数据后，用最小二乘法求出系数 a 和 b 并建立回归方程 $y = a + bx$（称为 y 对 x 的回归线）。

用最小二乘法求系数时，应满足以下两个假定：一是所有自变量的各个给定值均无误差，因变量的各值可带有测定误差；二是最佳直线应使各实验点与直线的偏差的平方和为最小。由于各偏差的平方均为正数，如果平方和为最小，说明这些偏差很小，所得的回归线即为最佳线。

其计算式如下：

$$a = \bar{y} - b\,\bar{x} \tag{S3-21}$$

$$b = \frac{l_{xy}}{l_{xx}} \tag{S3-22}$$

式中：$\bar{x}$ 和 $\bar{y}$ 分别为 x、y 的均值。

$$\bar{x} = \frac{1}{n} \sum_{i=1}^{n} x_i \tag{S3-23}$$

$$\bar{y} = \frac{1}{n} \sum_{i=1}^{n} y_i \tag{S3-24}$$

$$l_{xx} = \sum_{i=1}^{n} x_i^2 - \frac{1}{n} \Big(\sum_{i=1}^{n} x_i \Big)^2 \tag{S3-25}$$

$$l_{xy} = \sum_{i=1}^{n} x_i y_i - \frac{1}{n} \Big(\sum_{i=1}^{n} x_i \Big) \Big(\sum_{i=1}^{n} y_i \Big) \tag{S3-26}$$

3. 回归线的相关系数与精度

数学上引入了相关系数 r 来检验回归线有无意义，其大小用来判断建立的回归方程中 x 和 y 之间相关关系的密切程度。主要有以下特点：相关系数是介于 -1 和 1 之间的任意值；当 $r=0$ 时，说明变量 y 的变化可能与 x 无关，这时 x 与 y 没有线性关系；当 $r>0$ 时，直线斜率是正的，y 随 x 的增大而增大，此时称 x 与 y 为正相关关系；当 $r<0$ 时，直线斜率是负的，y 随 x 的增大而减小，此时称 x 与 y 为负相关关系；当 $|r|=1$ 时，x 与 y 完全线性相关，当 $r=1$ 时为完全正相关，当 $r=-1$ 时为完全负相关；当 $|r|$ 越接近于 1 时，x 与 y 的线性关系越好。

相关系数 r 只表示 x 与 y 线性相关的密切程度，当 $|r|$ 很小甚至为 0 时，只表明 x 与 y 之间线性相关不明确，或不存在线性关系，并不表示 x 与 y 之间没有关系，两者有可能存在非线性关系。

相关系数计算式为：

$$r = \frac{l_{xy}}{\sqrt{l_{xx} l_{yy}}} \tag{S3-27}$$

回归线的精度用于表示实测的 y 值偏离回归线的程度，其可用标准误差（称为剩余标准差）来估计，计算式为：

$$S = \sqrt{\frac{\sum_{i=1}^{n} (y_i - \overline{y_i})^2}{n-2}} \tag{S3-28}$$

或

$$S = \sqrt{\frac{(1-r^2) l_{yy}}{n-2}} \tag{S3-29}$$

式中：$\overline{y_i}$ 为 x_i 代入 $\overline{y} = a+bx$ 的计算结果。

可以看出，S 越小，y_i 离回归线越近，则回归方程精度越高。

4. 一元非线性回归

在环境专业遇到的很多问题，两个变量之间的关系并不是简单的线性关系，而是某种曲线关系（如堆肥过程中微生物的增长曲线）。这时，就要选择适当类型的曲线方程并确定相关函数中的系数，具体步骤如下：

（1）确定函数变量间的关系：可根据专业知识确定，如微生物呈指数形式增长，或根据所作图像的形状来选择适当的函数关系式；

（2）确定相关函数的系数：可通过坐标变换将非线性函数关系转化为线性函数关系，然后在新坐标系中用线性回归方程得到回归线，最后还原回原坐标系；

（3）若所作的变量之间的图像与两种函数关系都类似，无法确定选用哪一种曲线形式更好时，可都作回归线，再计算它们的剩余标准差并进行比较，选择剩余标准差小的函数类型。

主要参考文献

［1］杨旭武. 实验误差原理与数据处理 ［M］. 北京：科学出版社，2009：47.

［2］钱玲，陈亚玲. 分析化学 ［M］. 成都：四川大学出版社，2014：16-24.

［3］刘宇，余莉萍. 分析化学 ［M］. 天津：天津大学出版社，2011：4-10.

［4］陆光立. 环境污染控制工程实验 ［M］. 上海：上海交通大学出版社，2004：29.

［5］尹奇德，王利平，王琼. 环境工程实验 ［M］. 武汉：华中科技大学出版社，2009：41-44.

［6］黄朝表，朱秀慧. 分析化学 ［M］. 2 版. 武汉：华中科技大学出版社，2019：26.

［7］张凌. 分析化学（上）［M］. 北京：中国中医药出版社，2016：32.

［8］黄天明. 误差理论与实验数据处理 ［M］. 贵阳：贵州人民出版社，2011：24-30.

附录四　实验室安全管理

（编写人：郦超、章骅；编写单位：同济大学）

第一节　实验室安全管理的目的与意义

在开展固体废物处理与资源化技术实验过程中，存在诸如使用特种仪器设备、危险化学品及大功率用电设备等安全隐患，而实验课堂又具有实验人员多、流动性大等特点，一旦发生安全事故，后果不堪设想。因此在实验过程中，必须严格遵守实验室安全管理制度和规定，才能保障实验教学的顺利进行、杜绝安全事故的发生！

第二节　实验室基本安全知识

一、实验室基本要求

在开展固体废物处理与资源化技术实验过程中，应遵守以下实验室基本要求：

1. 禁止穿拖鞋、高跟鞋、背心、短裤（裙）进入实验室；

2. 进入实验室开展实验前，应先熟悉所使用化学品的安全性，以及仪器设备的性能、操作方法和安全事项；

3. 不得将与实验无关的物品带入实验室，禁止在实验室内吃喝、抽烟，不得在实验室大声喧哗、追逐嬉闹；

4. 凡进入实验室的人员，应严格遵守实验室各项规章制度和实验操作规范，服从实验室管理人员或指导教师的指挥和管理；

5. 进入实验室后，应首先对实验场所（消防器材、安全通道、危险品存放、设备布置、安全标识、实验废物、个人防护用品、应急药箱等）安全、仪器设备状态等进行检查，确认正常后方可开展实验，发现问题需及时向教师反映；

6. 实验过程中应身着实验服，防止手和身体其他部位直接接触化学药品，特别是危险化学品（如硫酸、盐酸等）；

7. 使用电器时，要谨防触电；

8. 取用危险化学品、操作特种设备或进行其他有危险性的实验时，应采取相应安全防护措施，且须至少两人同时在场，不可单独实验；

9. 实验过程中制备的样品或配置的试剂，须贴有字迹清晰的标签，注明名称、浓度、配制时间及有效日期等；

10. 产生有毒有害气体的实验，须在通风橱或通风良好的实验室内进行；

11. 实验过程中发生化学灼伤、烫伤、中毒等安全事故，必须按照相应方法及时处理；

12. 实验过程中遇到突然停水停电时，要及时关闭水阀、切断电源；

13. 实验过程中产生的废液、废渣不得随意倾倒，应按相关方法进行处理；

14. 实验结束后，应关闭仪器开关和水、气阀门，并切断仪器电源，确保所有物品及物料、废物等已清洗归位或安全处理，保持桌面整洁。

二、用电设备使用安全

在开展固体废物处理与资源化技术实验过程中，涉及大量用电设备的使用，实验时应注意用电设备的使用安全。

1. 实验电器设备必须可靠接地；

2. 开展实验前应先检查用电设备及线路安全，再接通电源；实验结束后，先关闭仪器设备，再关闭电源；

3. 禁止用湿布或纸巾擦拭电源开关和导线；

4. 遵守安全用电规范，不得私自乱接、乱拉电线，墙上电源未经允许不得拆装、改线；

5. 禁止在实验室使用手机充电器、暖手宝等与实验无关的用电设施；

6. 避免在同一电源上同时使用过多仪器设备，防止电线过载；

7. 加热设备必须放置于通风处，周围不得放置易燃易爆物品；

8. 发生人体触电时，应立即切断电源或用绝缘物体将电线与人体分离，然后实施抢救，情况严重的应立即送医。

第三节 危险化学品及仪器设备使用安全

一、危险化学品使用安全

危险化学品是指具有毒害、腐蚀、爆炸、燃烧、助燃等性质，对人体、设施、环境具有危害的剧毒化学品和其他化学品。危险化学品的使用和管理应遵守《危险化学品安全管理条例》。

在固体废物处理与资源化技术实验过程中，涉及较多的危险化学品主要为样品消解、溶液配制、浸出毒性实验等所用的强酸（硫酸、盐酸等）等溶液。实验过程中，需注意以下几个方面：

（1）在开展相关实验之前，应通过查询《危险化学品目录》、学校危险化学品管理办法及化学物质毒性数据库等平台，了解所用危险化学品的危害、使用注意事项及应急处置办法；

（2）取用强酸时应正确穿戴实验服、手套等防护物品，并在通风橱中进行；

（3）尽量做到按需取用，多余的酸及废酸应加碱中和后再进行处理，严禁学生把强酸等危险化学品带出实验室或直接倒入下水道；

（4）发现酸溅到衣服或皮肤上，应立即用大量清水冲洗，然后用稀碳酸钠/碳酸氢钠溶液清洗。

二、仪器设备使用安全

在固体废物处理与资源化技术实验过程中涉及的特种设备或高危设备包括：① 破碎机、高速离心机等高转速设备；② 高压/液化气体钢瓶、高压灭菌锅等高压设备；③ 烘箱、马弗炉、焚烧炉等高温设备；④ 磁选、涡电流分选机等电磁分选设备等。实验过程中，应注意以下几点：

1. 特种设备持证上岗

特种设备上岗操作人员须按规定接受培训，经考核合格后持证上岗。实验过程中，特种设备应指定专人持证上岗操作，严禁无证上岗。确有必要进行操作的，必须经过培训、且在教师或持证人员指导下使用。

2. 高转速设备

高转速设备（如离心机）在使用过程中应注意以下事项：① 开机前，应检查其是否处于平衡状态，并确认内部没有杂物；② 样品应对称放置，确认盖子盖好后方可开始离心操作；③ 禁止在开机运转或未停转的状态下开盖；④ 使用过程中出现噪声或机身振动，应立即关闭设备，报告教师。

3. 高压钢瓶

在高压钢瓶的使用过程中，为避免安全事故的发生，应注意以下事项：① 钢瓶在使用前应进行安全检查，比如用肥皂液进行试漏、查看检验合格证等；② 启闭钢瓶阀门时要慢慢地进行，切不可过急或强行用力拧开；③ 阀门开启时应先检查减压阀是否松开，注意操作者必须站在气体出口的侧面；

④ 严禁敲打阀门；⑤ 关气时应先关闭钢瓶阀门，放尽减压阀中气体，再松开减压阀螺杆；⑥ 注意钢瓶阀门开、关的旋转方向，与平常螺丝螺帽松紧的旋转方向相反；⑦ 钢瓶要直立放置，用柜子、架子、套环、铁链等牢牢固定，以免翻倒发生事故；⑧ 使用过程中要注意安全，防止气瓶受热；⑨ 钢瓶内气体不得完全用尽，应留有一定量的剩余残气，以免充气和再使用时发生危险；⑩ 钢瓶用后要完全关闭气门阀并旋上瓶帽。

4. 高温设备

马弗炉、烘箱等高温设备在使用过程中，应注意以下事项：① 使用前应充分熟悉设备使用方法，并按操作规程进行操作；② 不得超过最高使用温度，也不要长时间在额定温度以上工作；③ 马弗炉在使用前应确认其电气性能完好、接地良好、炉膛清洁，并注意观察室内消防灭火器材的位置；④ 禁止在高温设备附近存放易燃物质及其他无关杂物，禁止向炉膛内灌注各种液体；⑤ 高温设备在使用过程中应注意保持室内通风良好；⑥ 装取试样时应戴高温手套，防止烫伤；⑦ 使用过程中应时刻注意观察，发现故障或报警立即关闭电源，并报告老师。

第四节　实验室废物处理

一、固体废物的处理

在开展固体废物处理与资源化技术实验过程中会产生一定量的危险废物，如垃圾焚烧飞灰、含重金属污泥等。危险废物不能随意丢弃，而应存放在专用容器中，委托有资质的单位进行统一收集和处置。

同时，实验过程中也会过量采集或产生部分一般固体废物，如采集的生活垃圾样品、粉煤灰、农业废物等，可依据垃圾分类体系、放入指定的垃圾箱内，等待收集处理。

此外，实验过程中采集的电子垃圾等有害废物，也应分类后投入相应垃圾箱。

二、废液的处理

在开展固体废物处理与资源化技术实验过程中产生的废液一般包括无机废液、有机废液和含重金属废液等，在处理时分别注意以下事项：

1. 实验过程中产生的废酸废碱，可通过酸碱中和反应调节 pH 至中性的方法简单处理；

2. 含重金属废液应统一收集，然后通过沉淀法（如加入碱或硫化钠）处理，沉淀后过滤分离，收集的残渣可委托有资质的单位进行统一处置；

3. 有机废液应统一收集，委托有资质的单位进行统一处置；

4. 所有需要储存的废液，应贴好标签，标明废物名称、产生时间、主要成分及含量。

三、废气的处理

垃圾焚烧实验过程中会产生部分有害烟气，除采样测试消耗部分外，剩余烟气应进行适当处理后排放，如吸附、吸收等。实验过程中应保持良好通风，防止有害气体累积。

第五节　实验室安全事故的应急处理

实验过程中难免存在一定安全风险，按照"安全第一，预防为主"的原则，除做好以上安全管理工作外，还应熟悉安全事故的应急处理方法，确保在发生安全事故后，能科学有效地应对处理，切实有效降低事故的危害。

在开展固体废物处理与资源化技术实验过程中，可能出现的实验安全事故包括外伤（割伤、烫伤、酸/碱灼伤等）、火灾、爆炸、化学品中毒等。在事故发生时，应分别按下列方法进行处理。

1. 割伤

实验室发生的割伤事故，主要是由玻璃器皿的破碎引起的。对于玻璃器皿引起的割伤，首先应取出伤口内的异物，涂上红药水，再用创可贴或绷带包扎。如果伤口较大或流血不止，应及时送医院救治。

2. 烫伤

发生烫伤后，应将烫伤部位用清洁的流动冷水冲洗至少 10 min，水流不宜过急。对于伤势较轻的，可在伤口处涂上烫伤膏，然后包扎；如伤势较重，应立即送医院治疗。

3. 酸灼伤

酸灼伤后，应立即用大量清水冲洗，然后涂碳酸氢钠油膏，伤势严重时应立即送医院。如受氢氟酸灼伤，应迅速用水冲洗 15 min，然后在受伤的皮肤表面反复充分涂抹葡萄糖酸钙乳膏，直至医院就诊。当酸溅入眼内时，先用水冲洗，然后用 3% 的碳酸氢钠溶液冲洗，最后用清水洗眼。

4. 碱灼伤

受强碱灼伤，先用大量水冲洗，然后用 1% 柠檬酸或硼酸溶液冲洗。当碱溅入眼内时，应立即用大量水冲洗，再用3%硼酸溶液冲洗眼睛，然后用蒸馏水冲洗。

5. 火灾

实验室火灾的处理方法视起火原因而定，包括：① 一般性起火，小火用湿布、石棉布覆盖灭火，大火可用灭火器扑灭；② 加热时起火，立即停止加热，关闭燃气，切断电源，把所有易燃易爆物移至远处；③ 电器设备着火，先切断电源，再用四氯化碳灭火器灭火，也可用干粉灭火器；④ 衣服着火，切勿慌张跑动，因为空气的迅速流动会加强燃烧。在进行以上处理的同时拨打急救电话（119和120），清楚描述事发地点、事件原因、可能会引起的后果、人员受伤或中毒情况等。

主要参考文献

［1］赵华绒，方文军，王国平. 化学实验室安全与环保手册［M］. 北京：化学工业出版社，2013：5-8.

［2］蔡乐. 高等学校化学实验室安全基础［M］. 北京：化学工业出版社，2018：1-6.

［3］国务院. 危险化学品安全管理条例（中华人民共和国国务院令第645号）［Z］. 2013-12-4.

［4］中华人民共和国教育部. 关于加强高校实验室安全工作的意见（教技函〔2019〕36号）［Z］. 2019-5-22.

［5］中华人民共和国国家质量监督检验检疫总局. 实验室废弃化学品收集技术规范：GB/T 31190—2014［S］. 北京：中国标准出版社，2015.

［6］中华人民共和国国家质量监督检验检疫总局. 气瓶安全技术监察规程：TSG R0006—2014［S］. 北京：新华出版社，2014.

［7］北京市质量技术监督局. 实验室危险化学品安全管理规范　第2部分：普通高等学校：DB11/T 1191.2—2018［S］. 北京：中国标准出版社，2018.

郑重声明

高等教育出版社依法对本书享有专有出版权。任何未经许可的复制、销售行为均违反《中华人民共和国著作权法》，其行为人将承担相应的民事责任和行政责任；构成犯罪的，将被依法追究刑事责任。为了维护市场秩序，保护读者的合法权益，避免读者误用盗版书造成不良后果，我社将配合行政执法部门和司法机关对违法犯罪的单位和个人进行严厉打击。社会各界人士如发现上述侵权行为，希望及时举报，本社将奖励举报有功人员。

反盗版举报电话　（010）58581999　58582371　58582488
反盗版举报传真　（010）82086060
反盗版举报邮箱　dd@hep.com.cn
通信地址　北京市西城区德外大街4号
　　　　　高等教育出版社法律事务与版权管理部
邮政编码　100120

防伪查询说明

用户购书后刮开封底防伪涂层，利用手机微信等软件扫描二维码，会跳转至防伪查询网页，获得所购图书详细信息。也可将防伪二维码下的20位密码按从左到右、从上到下的顺序发送短信至106695881280，免费查询所购图书真伪。

反盗版短信举报

编辑短信"JB，图书名称，出版社，购买地点"发送至10669588128

防伪客服电话

（010）58582300